高职高专"十二五"规划教材

21世纪全国高职高专土建系列工学结合型规划教材

U0201470

地基与基础实训

主　编　肖明和　鄢维峰　朱　锋

副主编　张　营　曲大林　周艳冬

参　编　赵　娜　杨　勇　代玉国

　　　　牟敦波　张建国

北京大学出版社

PEKING UNIVERSITY PRESS

内 容 简 介

本书结合高职高专院校土建类专业的教学要求，按照项目导向、任务驱动的方式组织教材内容，并按照国家颁布有关地基与基础的新规范、新标准编写而成。

本书共分两个项目，即单项实训和综合实训。单项实训主要包括颗粒分析试验、密度试验、天然含水量试验、土粒相对密度试验、密实度试验、界限含水量试验、击实试验、侧限压缩试验、直接剪切试验、三轴剪切试验、无侧限抗压强度试验、十字板剪切试验、现场载荷试验等 13 项任务。综合实训包括天然地基上浅基础设计实训、挡土墙设计实训、地基验槽与处理实训、基础施工图的阅读实训等 4 项任务。本书结合高等职业教育的特点，强调针对性和实用性。

本书可作为高职高专建筑工程技术、工程造价、工程监理、道路桥梁工程技术、基础工程技术及相关专业的教学用书，也可作为土建类工程技术人员的参考用书。

图书在版编目(CIP)数据

地基与基础实训/肖明和，鄢维峰，朱锋主编.—北京：北京大学出版社，2013.10

(21 世纪全国高职高专土建系列工学结合型规划教材)

ISBN 978-7-301-23174-6

Ⅰ. ①地… Ⅱ. ①肖…②鄢…③朱… Ⅲ. ①地基—工程施工—高等职业教育—教材②基础(工程)—工程施工—高等职业教育—教材 Ⅳ. ①TU47②TU753

中国版本图书馆 CIP 数据核字(2013)第 212199 号

书　　　　名：	地基与基础实训
著作责任者：	肖明和　鄢维峰　朱　锋　主编
策 划 编 辑：	赖　青　杨星璐
责 任 编 辑：	杨星璐
标 准 书 号：	ISBN 978-7-301-23174-6/TU・0364
出 版 发 行：	北京大学出版社
地　　　　址：	北京市海淀区成府路 205 号　100871
网　　　　址：	http://www.pup.cn　新浪官方微博：@北京大学出版社
电 子 信 箱：	pup_6@163.com
电　　　　话：	邮购部 62752015　发行部 62750672　编辑部 62750667　出版部 62754962
印 刷 者：	北京鑫海金澳胶印有限公司
经 销 者：	新华书店

787 毫米×1092 毫米　16 开本　10 印张　219 千字
2013 年 10 月第 1 版　2019 年 7 月第 3 次印刷

定　　价： 25.00 元

北大版·高职高专土建系列规划教材
专家编审指导委员会专业分委会

建筑工程技术专业分委会

主　任：　吴承霞　　吴明军
副主任：　郝　俊　徐锡权　　马景善　　战启芳　　郑　伟
委　员：　(按姓名拼音排序)
　　　　　白丽红　　陈东佐　　邓庆阳　　范优铭　　李　伟
　　　　　刘晓平　　鲁有柱　　孟胜国　　石立安　　王美芬
　　　　　王渊辉　　肖明和　　叶海青　　叶　腾　　叶　雯
　　　　　于全发　　曾庆军　　张　敏　　张　勇　　赵华玮
　　　　　郑仁贵　　钟汉华　　朱永祥

工程管理专业分委会

主　任：　危道军
副主任：　胡六星　　李永光　　杨甲奇
委　员：　(按姓名拼音排序)
　　　　　冯　钢　　冯松山　　姜新春　　赖先志　　李柏林
　　　　　李洪军　　刘志麟　　林滨滨　　时　思　　斯　庆
　　　　　宋　健　　孙　刚　　唐茂华　　韦盛泉　　吴孟红
　　　　　辛艳红　　鄢维峰　　杨庆丰　　余景良　　赵建军
　　　　　钟振宇　　周业梅

建筑设计专业分委会

主　任：　丁　胜
副主任：　夏万爽　　朱吉顶
委　员：　(按姓名拼音排序)
　　　　　戴碧锋　　宋劲军　　脱忠伟　　王　蕾
　　　　　肖伦斌　　余　辉　　张　峰　　赵志文

市政工程专业分委会

主　任：　王秀花
副主任：　王云江
委　员：　(按姓名拼音排序)
　　　　　俞金贵　　胡红英　　来丽芳　　刘　江　　刘水林
　　　　　刘　雨　　刘宗波　　杨仲元　　张晓战

前　言

　　本书为北京大学出版社"21 世纪全国高职高专土建系列工学结合型规划教材"之一。为适应 21 世纪职业技术教育发展需要,培养建设行业具备地基与基础的专业技术管理应用型人才,编者结合当前地基与基础最新规范编写了本书。

　　本书根据高职高专院校土建类专业的人才培养目标、教学计划、地基与基础课程实训的教学特点和要求,并结合《建筑地基基础设计规范》(GB 50007—2011)、《土工试验方法标准》(GB/T 50123—1999)、《建筑地基处理技术规范》(JGJ 79—2012)、《公路土工试验规程》(JTG E40—2007)等为主要依据编写而成,全书突出了实验实训目的、实验实训方法、实验实训步骤、实训成果处理、实验实训报告及实训案例等,以提高学生的应用能力,具有实用性、系统性和先进性的特色。

　　本书由济南工程职业技术学院肖明和、广州城建职业学院鄢维峰和济南工程职业技术学院朱锋担任主编,济南工程职业技术学院张营、曲大林和河南建筑职业技术学院周艳冬担任副主编。参加编写的人员还有济南工程职业技术学院赵娜、山东港基建设集团杨勇、济南黄河路桥集团代玉国、中建八局青岛公司牟敦波和山东正元建设公司张建国。本书建议采用 30 学时,部分任务可根据地区性差异进行取舍。

　　本书在编写过程中参考了国内外同类教材和相关的资料,在此表示深深的谢意!并对为本书付出辛勤劳动的编辑们表示衷心的感谢!由于水平有限,书中难免有不足之处,恳请读者批评指正。

编　者
2013 年 7 月

CONTENTS ··········
目录

 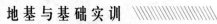

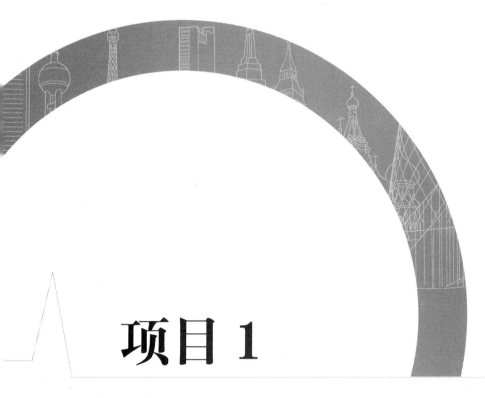

项目 1
单 项 实 训

实训目标

　　了解土的颗粒分析、土的密度、土的天然含水量、土粒相对密度等试验的试验原理，掌握各种试验的试验目的、试验方法、试验步骤、试验注意事项，能够正确填写试验报告并进行数据分析。

实训要求

能力目标	知识要点	相关知识	权重
掌握土的物理性指标	土的颗粒分析、土的密度、天然含水量、土粒相对密度、土的密实度、界限含水量等的测定方法	筛分法、沉降分析法；环刀法、蜡封分、灌砂法；烘干法、酒精燃烧法；液限、塑限试验；试验报告的填写	0.4
掌握土的压缩性指标	土的 e-p 关系曲线；压缩指标之间的关系	压缩系数、压缩模量；试验报告的填写	0.2
确定地基承载力	直接剪切、三轴剪切、无侧限抗压强度、十字板剪切、现场载荷试验方法	慢剪、固结快剪、快剪；三轴剪切、十字板剪切等原理；现场载荷试验原理	0.4

任务1

颗粒分析试验

土的颗粒级配是通过土的颗粒大小分析试验测定的。实验室常用的土的颗粒分析试验有筛分法和沉降分析法。

1.1 筛 分 法

1. 试验目的

为了研究土中各种大小土粒的相对含量及其与土的工程地质性质的关系，将工程地质性质相似的土粒归并成组，按其粒径的大小分为若干组别，称为粒组。通过试验可以测得土中各个粒组的相对含量，即土的颗粒级配，它直接影响土的密实度、土的透水性、土的强度、土的压缩性等性质。

2. 试验原理

对于粒径大于 0.075mm 的粗粒组可用筛分法测定。试验时将风干、分散的代表性土样通过一套孔径不同的标准筛，充分筛选，将留在各级筛上的土粒分别称重，然后计算小于某粒径的土粒含量，如图 1.1 所示。

图 1.1　筛分法示意图

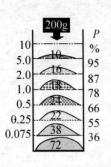

图1.2　土颗粒的相对含量

例如，将烘干且分散了的200g有代表性的试样倒入标准筛内摇振，然后分别称出留在各筛子上的土重，并计算出小于某粒径的土的相对含量，即可确定出土的颗粒级配，如图1.2所示。

3．试验仪器设备

(1) 分析筛。

① 粗筛：孔径为60mm、40mm、20mm、10mm、5mm、2mm。

② 细筛：孔径为2mm、1mm、0.5mm、0.25mm、0.075m。

(2) 天平：称量5 000g，最小分度值1g；称量1 000g，最小分度值0.1g；称量200g，最小分度值0.01g。

(3) 振筛机：筛析过程中应能上下振动。

(4) 其他：烘箱、研钵、瓷盘、毛刷等。

4．试验步骤

(1) 按表1-1的规定称取试样质量，应准确至0.1g，试样数量超过500g时，应准确至1g。

表1-1　取样数量

颗粒尺寸/mm	<2	<10	<20	<40	<60
取样数量/g	100～300	300～1 000	1 000～2 000	2 000～4 000	4 000以上

(2) 将试样过2mm筛，称筛上和筛下的试样质量。

● 特 别 提 示

① 当筛下的试样质量小于试样总质量的10%时，不作细筛分析。

② 当筛上的试样质量小于试样总质量的10%时，不作粗筛分析。

(3) 取筛上的试样倒入依次叠好的粗筛中，筛下的试样倒入依次叠好的细筛中，进行筛分。细筛宜置于振筛机上振筛，振筛时间宜为10～15min。再按由上而下的顺序将各筛取下，称各级筛上及底盘内试样的质量，应准确至0.1g。

● 特 别 提 示

2mm筛下的土如果数量过多，可用四分法缩分至100～800g，将试样按从大到小的次序通过小于2mm的各级细筛(可用振筛机进行振筛)，然后称取各级细筛留筛土重。

(4) 筛后各级筛上和筛底上试样质量的总和与筛前试样总质量的差值，不得大于试样总质量的1%。

● 特 别 提 示

根据土的性质和工程要求可适当增减不同筛径的分析筛。

(5) 计算质量百分比。

① 小于某粒径的试样质量占试样总质量的百分比，应按式(1-1)计算：

$$X=\frac{A}{B}\times100 \tag{1-1}$$

式中 X——小于某粒径颗粒的质量百分数，%，计算至 0.01；

    A——小于某粒径的颗粒质量，g；

    B——试样的总质量。

  ② 当小于 2mm 的颗粒如用四分法缩分取样时，小于某粒径的试样质量占试样总质量的百分比，应按式(1-2)计算：

$$X=\frac{m_A}{m_B}\times d_x\times100 \tag{1-2}$$

式中 X——小于某粒径颗粒的质量百分数，%，计算至 0.01；

    m_A——通过 2mm 筛的试样中小于某粒径的颗粒质量，g；

    m_B——通过 2mm 筛的试样中所取的试样质量，g；

    d_x——粒径小于 2mm 的试样质量占试样总质量的百分比，%。

(6) 以小于某粒径的试样质量占试样总质量的百分比为纵坐标，颗粒粒径为横坐标(因为土粒粒径相差常在百倍、千倍以上，所以宜采用对数坐标表示)，如图 1.3 所示。

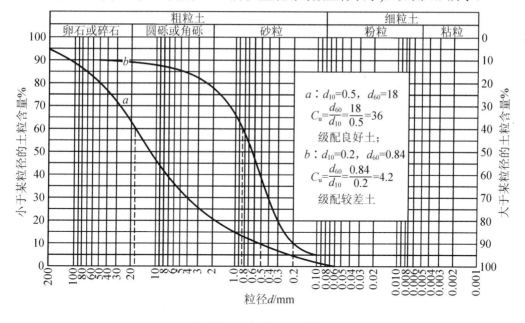

图 1.3　颗粒大小分布曲线

(7) 计算级配指标：不均匀系数和曲率系数。

① 粒径分布的均匀程度由不均匀系数 C_u 表示：

$$C_u=d_{60}/d_{10}$$

式中 d_{10}——土中小于该粒径的土的质量占总土质量的 10%，也称有效粒径；

    d_{60}——土中小于该粒径的土的质量占总土质量的 60%，也称限制粒径。

⬤ 特 别 提 示 ⬤⬤⬤

a) C_u 愈大，土愈不均匀，也即土中粗、细颗粒的大小相差愈悬殊。

b) 若土的颗粒级配曲线是连续的，C_u 愈大，d_{60} 与 d_{10} 相距愈远，则曲线愈平缓，表示土中的粒组变化范围宽，土粒不均匀；反之，C_u 愈小，d_{60} 与 d_{10} 相距愈近，曲线愈陡，表示土中的粒组变化范围窄，土粒均匀。

c) $C_u > 10$ 时，表示粒径不均匀，级配良好(如图 1.3 中 a 线)；$C_u < 5$ 时，表示粒径较均匀，级配不好(如图 1.3 中 b 线)。

d) 若土的颗粒级配曲线不连续，在该曲线上出现水平段，水平段粒组范围不包含该粒组颗粒。这种土缺少中间某些粒径，粒径级配曲线呈台阶状，它的组成特征是颗粒粗的较粗，细的较细，在同样的压实条件下，密实度不如级配连续的土高，其他工程性质也较差。

② 土的粒径级配曲线的形状，尤其是确定其是否连续，可用曲率系数 C_c 反映：

$$C_c = \frac{d_{30}^2}{d_{60} \times d_{10}}$$

式中　d_{30}——土中小于此粒径的土的质量占总土质量的 30%。

特 别 提 示

a) 若曲率系数过大，表示粒径分布曲线的台阶出现在 d_{10} 和 d_{30} 范围内。反之，若曲率系数过小，表示台阶出现在 d_{30} 和 d_{60} 范围内。经验表明，当级配连续时，C_c 的范围大约在 1~3。因此，当 $C_c < 1$ 或 $C_c > 3$ 时，均表示级配曲线不连续。

b) 土的级配优劣可由土中土粒的不均匀系数和粒径分布曲线的形状曲率系数衡量。我国《土的分类标准》(GB/T 50/45—2007)规定：对于纯净的砂、砾石，当实际工程中，C_u 大于或等于 5，且 C_c 介于 1~3 时，它的级配是良好的；不能同时满足上述条件时，它的级配是不良的。

1.2　沉降分析法

沉降分析法分为密度计法和移液管法，这里主要介绍密度计法(移液管法可参见 GB/T 50123—1999《土工试验方法标准》或 JTG E40—2007《公路土工试验规程》)。

1. 试验目的

通过试验可以测得土中各个粒组的相对含量，即土的颗粒级配，它直接影响土的密实度、土的透水性、土的强度、土的压缩性等性质。

2. 试验原理

粒径小于 0.075mm 的粉粒和粘粒难以筛分，一般可以根据土粒在水中匀速下沉时的速度与粒径的平方成正比来判别，粗颗粒下沉速度快，细颗粒下沉速度慢。用密度计法或移液管法根据下沉速度就可以将颗粒按粒径大小分组测得颗粒级配。

3. 试验仪器设备

(1) 密度计。

① 甲种密度计，刻度-5~50，最小分度值为 0.5。

② 乙种密度计刻度单位以 20℃时悬液的比重表示，刻度为 0.995～1.020，最小分度值为 0.000 2。

(2) 量筒：内径约 60mm，容积 1 000mL，高约 420mm，刻度 0～1 000mL，准确至 10mL。

(3) 洗筛：孔径 0.075mm。

(4) 洗筛漏斗：上口直径大于洗筛直径，下口直径略小于量筒内径。

(5) 天平：称量 1 000g，最小分度值 0.1g；称量 200g，最小分度值 0.01g。

(6) 搅拌器：轮径 50mm，孔径 3mm，杆长约 450mm，带螺旋叶。

(7) 煮沸设备：附冷凝管装置。

(8) 温度计：刻度 0℃～50℃，最小分度值 0.5℃。

(9) 其他：秒表，锥形瓶(容积 500mL)、研钵、木杵、电导率仪等。

● 特 别 提 示

本试验所用试剂，应符合下列规定。

14%六偏磷酸钠溶液：溶解 4g 六偏磷酸钠($NaPO_3$)于 100mL 水中。

25%酸性硝酸银溶液：溶解 5g 硝酸银($AgNO_3$)于 100mL 的 10%硝酸(HNO_3)溶液中。

35%酸性氯化钡溶液：溶解 5g 氯化钡($BaCl_2$)于 100mL 的 10%盐酸(HCl)溶液中。

4. 试验步骤

(1) 试验的试样，宜采用风干试样。

(2) 称取具有代表性风干试样 200～300g，过 2mm 筛，求出筛上试样占试样总质量的百分比。取筛下土测定试样风干含水率。

(3) 将土样拌和均匀，称取 30g 的风干土样作为试样。

● 特 别 提 示

① 当易溶盐含量 W 小于 1%，采用天然含水量为 ω 的土样作为试样时，按式(1-3)计算所需湿土质量：

$$m_0 = 30 \times (1 + 0.01\omega) \tag{1-3}$$

② 当易溶盐含量 W 大于等于 1%时，按式(1-4)计算所需湿土质量：

$$m_0 = \frac{30 \times (1 + 0.01\omega)}{1 - W} \tag{1-4}$$

(4) 将风干试样或洗盐后在滤纸上的试样，倒入 500mL 锥形瓶，注入纯水 200mL，浸泡过夜，然后置于煮沸设备上煮沸，煮沸时间宜为 40min。

● 知 识 链 接

洗盐，又称为过滤法，其操作步骤如下。

①将分散用的试样放入调土皿内，注入少量蒸馏水，拌和均匀。将滤纸微湿后紧贴于漏斗上，然后将调土皿中的土浆迅速倒入漏斗中，并注入热蒸馏水冲洗过滤。附于皿上的土粒要全部洗入漏斗，若发现滤液混浊，须重新过滤。

② 应经常使漏斗内的液面保持高出土面约 5mm，每次加水后，须用表面皿盖住。

③ 为了检查水溶盐是否已洗干净，可用两个试管各取刚滤下的滤液 3～5mL，管中加入数滴 10%盐酸及 5%氯化钡；另一管加入数滴 10%硝酸及 5%硝酸盐。若发现任一管中有白色沉淀

时，说明土中的水溶盐仍未洗净，应继续清洗，直至检查时试管中不再发现白色沉淀时为止。将漏斗上的土样细心洗下，风干取样。

(5) 试验冷却后，倒入进行颗分试验用的量筒中，让烧杯中土洗净并全部倒入量筒中，加入4%六偏磷酸钠10mL或10%的硅酸纳，再注入纯水至1 000mL，如图1.4所示。

图 1.4　密度计法示意图

(6) 将搅拌器放入量筒中，沿悬液深度上下搅拌 1min，取出搅拌器，立即开动秒表，将密度计放入悬液中，测记0.5、1、2、5、15、30、60、120和1 440min 时的密度计读数。

（特）（别）（提）（示）

每次读数均应在预定时间前 10～20s，将密度计放入悬液中，且接近读数的深度，保持密度计浮泡处在量筒中心，不得贴近量筒内壁。

(7) 密度计读数均以弯液面上缘为准。甲种密度计应准确至0.5，乙种密度计应准确至0.000 2。每次读数后，应取出密度计放入盛有纯水的量筒中，并应测定相应的悬液温度，准确至0.5℃。

（特）（别）（提）（示）

① 放入或取出密度计时，应小心轻放，不得扰动悬液。
② 如试验完成后发现第一次读数时，下沉土粒已超过中土重的15%，将筒中土过0.075mm筛，然后按筛析法进行粗粒土的颗分试验。

(8) 小于某粒径的试样质量占试样总质量的百分比应按式(1-5)计算：

$$X=\frac{100}{m_\mathrm{d}}C_\mathrm{G}\left(R+m_\mathrm{T}+m+n-C_\mathrm{D}\right)(\text{甲种密度计}) \qquad (1\text{-}5)$$

式中　X——小于某粒径的试样质量百分比，%；

　　　m_d——试样干质量，g；

　　　C_G——土粒密度校正值(表 1-2)；

　　　m_T——悬液温度校正值(表 1-3)；

　　　n——弯月面校正值；

　　　C_D——分散剂校正值；

　　　R——甲种密度计读数。

(9) 试样颗粒粒径按式(1-6)计算：

$$d=K\sqrt{\frac{L}{t}} \qquad (1\text{-}6)$$

式中　d——试样颗粒粒径，mm；

　　　K——粒径计算系数($K=\sqrt{\dfrac{1800\times10^4\cdot\eta}{(G_\mathrm{s}-G_\mathrm{wT})\rho_\mathrm{wT}g}}$，见表 1-4，如图 1.5 所示)；

　　　η——水的动力粘滞系数，kPa·s×10^{-6}；

　　　G_wT——T ℃时水的密度；

　　　ρ_wT——4℃时纯水的密度，g/cm^3；

　　　L——某一时间内的土粒沉降距离，cm；

　　　t——沉降时间，s；

　　　g——重力加速度，cm/s^2。

表 1-2　土粒密度校正表

土粒密度	校正值C_G	土粒密度	校正值C_G	土粒密度	校正值C_G	土粒密度	校正值C_G
2.50	1.038	2.60	1.012	2.70	0.989	2.80	0.969
2.52	1.032	2.62	1.007	2.72	0.985	2.82	0.965
2.54	1.027	2.64	1.002	2.74	0.981	2.84	0.961
2.56	1.022	2.66	0.998	2.76	0.977	2.86	0.958
2.58	1.017	2.68	0.993	2.78	0.973	2.88	0.954

表 1-3　悬液温度校正表

温度/℃	校正值m_T	温度/℃	校正值m_T	温度/℃	校正值m_T	温度/℃	校正值m_T
10.0	−2.0	15.0	−1.2	19.5	−0.1	25.0	+1.7
10.5	−1.9	15.5	−1.1	20.0	0.0	25.5	+1.9
11.0	−1.9	16.0	−1.0	21.0	+0.3	26.0	+2.1
11.5	−1.8	16.5	−0.9	21.5	+0.5	26.5	+2.2
12.0	−1.8	17.0	−0.8	22.0	+0.6	27.0	+2.5

续表

温度/℃	校正值 m_T	温度/℃	校正值 m_T	温度/℃	校正值 m_T	温度/℃	校正值 m_T
12.5	−1.7	17.5	−0.7	22.5	+0.8	27.5	+2.6
13.0	−1.6	18.0	−0.5	23.0	+0.9	28.0	+2.9
13.5	−1.5	18.0	−0.5	23.5	+1.1	28.5	+3.1
14.0	−1.4	18.5	−0.4	24.0	+1.3	29.0	+3.3
14.5	−1.3	19.0	−0.3	24.5	+1.5	29.5	+3.5
						30.0	+3.7

表 1-4　粒径计算系数表($K = \sqrt{\dfrac{1800 \times 10^4 \cdot \eta}{(G_s - G_{wT})\rho_{wT} g}}$ 值)

温度 / 密度	5	6	7	8	9	10	11	12	13	14	15	16	17
2.45	0.138 5	0.136 5	0.134 4	0.132 4	0.130 5	0.128 8	0.127 0	0.125 3	0.123 5	0.122 1	0.120 5	0.118 9	0.117 3
2.50	0.136 0	0.134 2	0.132 1	0.130 2	0.128 3	0.126 7	0.124 9	0.123 2	0.121 4	0.120 0	0.118 4	0.116 9	0.115 4
2.55	0.133 9	0.132 0	0.130 0	0.128 1	0.126 2	0.124 7	0.122 9	0.121 2	0.119 5	0.118 0	0.116 5	0.115 0	0.113 5
2.60	0.131 8	0.129 9	0.128 0	0.126 0	0.124 2	0.122 7	0.120 9	0.119 3	0.117 5	0.116 2	0.114 8	0.113 2	0.111 8
2.65	0.129 8	0.128 0	0.126 0	0.124 1	0.122 4	0.120 8	0.119 0	0.117 5	0.115 8	0.114 9	0.113 0	0.111 5	0.110 0
2.70	0.127 9	0.126 1	0.124 1	0.122 3	0.120 5	0.118 9	0.117 3	0.115 7	0.114 1	0.112 7	0.111 3	0.109 8	0.108 5
2.75	0.126 1	0.124 3	0.122 4	0.120 5	0.118 7	0.117 3	0.115 6	0.114 0	0.112 4	0.111 1	0.109 6	0.108 3	0.106 9
2.80	0.124 3	0.122 5	0.120 6	0.118 8	0.117 1	0.115 6	0.114 0	0.112 4	0.110 9	0.109 5	0.108 1	0.106 7	0.104 7
2.85	0.122 6	0.120 8	0.118 9	0.118 2	0.116 4	0.114 1	0.112 4	0.110 9	0.109 4	0.108 0	0.106 7	0.105 3	0.103 9

温度 / 密度	18	19	20	21	22	23	24	25	26	27	28	29	30
2.45	0.115 9	0.114 5	0.113 0	0.111 8	0.110 3	0.109 1	0.107 8	0.106 5	0.105 4	0.104 1	0.103 2	0.101 9	0.100 8
2.50	0.114 0	0.112 5	0.111 1	0.109 9	0.108 5	0.107 2	0.106 1	0.104 7	0.103 5	0.102 4	0.101 4	0.100 2	0.099 1
2.55	0.112 1	0.110 8	0.109 3	0.108 1	0.106 7	0.105 5	0.104 4	0.103 1	0.101 9	0.100 7	0.099 8	0.098 6	0.097 5
2.60	0.110 3	0.109 0	0.107 5	0.106 4	0.105 0	0.103 8	0.102 8	0.101 4	0.100 3	0.099 2	0.098 2	0.097 1	0.096 0
2.65	0.108 5	0.107 1	0.105 6	0.104 3	0.103 5	0.102 3	0.101 2	0.099 9	0.098 8	0.097 7	0.096 7	0.095 6	0.094 5
2.70	0.107 1	0.105 8	0.104 3	0.103 3	0.101 9	0.100 7	0.099 7	0.098 4	0.097 3	0.096 2	0.095 3	0.094 1	0.093 1
2.75	0.105 5	0.103 1	0.102 9	0.101 8	0.100 4	0.099 3	0.098 2	0.097 0	0.095 9	0.094 8	0.094 0	0.092 8	0.091 8
2.80	0.104 0	0.108 8	0.101 4	0.100 2	0.099 0	0.097 9	0.096 0	0.095 7	0.094 6	0.093 5	0.092 6	0.091 4	0.090 5
2.85	0.102 6	0.101 4	0.100 0	0.099 0	0.097 7	0.096 6	0.095 6	0.094 3	0.093 3	0.092 3	0.091 3	0.090 3	0.089 3

注：表 1-4 中温度单位为℃，密度单位为 g/cm³。

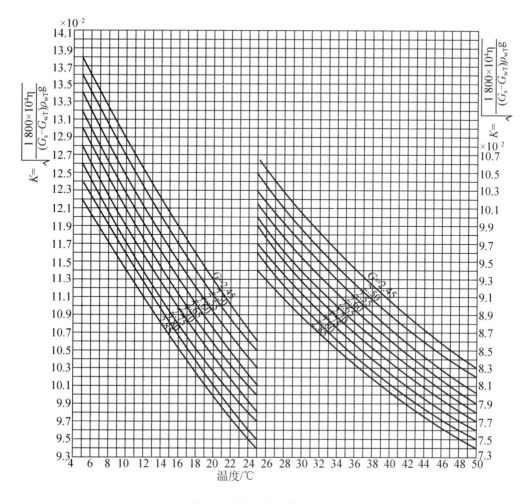

图 1.5　粒径计算系数 K 值图

(10) 颗粒大小分布曲线，应按筛分法中规定的步骤绘制，如图 1.6 所示。当密度计法和筛分法联合分析时，应将试样总质量折算后绘制颗粒大小分布曲线；并应将两段曲线连成一条平滑的曲线。

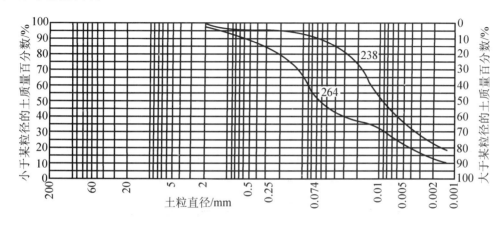

图 1.6　粒径分配曲线

1.3 试验报告

颗粒分析试验报告

试验日期：_____年___月 第_____周 星期_____第_____节课

地点：_____ 小组分工：_____ 交报告日期：_____

1. 试验数据

(1) 筛分法试验数据见表1-5。

表1-5 筛分法试验报告

工程名称_____ 试验者_____

土样编号_____ 计算者_____

试验日期_____ 校核者_____

风干土质量=_____g，小于0.075mm的土占总土质量百分数=_____%

2mm筛上土质量=_____g，小于2mm的土占总土质量百分数 d_x =_____%

2mm筛下土质量=_____g，细筛分析时所取试样质量=_____g

筛号	孔径/mm	累积留筛土质量/g	小于该孔径的土质量/g	小于该孔径的土质量百分数/%	小于该孔径的总土质量百分数/%

续表

筛号	孔径/mm	累积留筛土质量/g	小于该孔径的土质量/g	小于该孔径的土质量百分数/%	小于该孔径的总土质量百分数/%
底盘总计					

(2) 密度计法试验数据见表 1-6。

表 1-6　密度计法试验报告

工程名称_____　　　　　　　　　　试验者_____

土样编号_____　风干土质量_____　计算者_____

试验日期_____　干土总质量__30g__　校核者_____

小于 0.075mm 颗粒土质量百分数_____　　密 度 计 号_____

湿 土 质 量_____　　　　　　　　　　量 筒 号_____

含 水 率_____　　　　　　　　　　　烧 瓶 号_____

干 土 质 量_____　　　　　　　　　　土 粒 密 度_____

含 盐 量_____　　　　　　　　　　　密度校正值_____

试样处理说明_____　　　　　　　　　弯液面校正值_____

下沉时间 t/分	悬液温度 T/℃	密度计原始读数 R_m	密度计读数校正值			校正后密度计读数 $R=R_m+m_t+n-C_D$	$R_H=RC_G$	土粒落距 L/mm	土粒直径 d/mm	$\leq d$ 的颗粒含量 X/%	$\leq d$ 占总土重颗粒含量 X/%
			温度校正值 m_t	分散剂校正值 C_D	刻度及弯月面校正值 n						
1											
3											

地 基 与 基 础 实 训

续表

下沉时间 t/分	悬液温度 T/℃	密度计原始读数 R_m	密度计读数校正值			校正后密度计读数 $R = R_m + m_t + n - C_D$	$R_H = RC_G$	土粒落距 L/mm	土粒直径 d/mm	≤d 的颗粒含量 X/%	≤d 占总土重颗粒含量 X/%
			温度校正值 m_t	分散剂校正值 C_D	刻度及弯月面校正值 n						
5											
15											
30											
60											
120											
1 440											

2. 计算

(1) 颗粒分析级配曲线如图 1.7 所示。

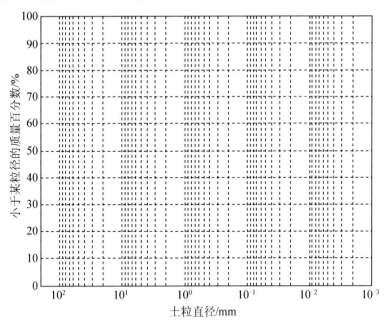

图 1.7 颗粒分析级配曲线

(2) 计算土的不均匀系数 C_u 和曲率系数 C_c，确定土名并判别土的均匀性。

任务 2

密度试验

土的密度是指单位体积内土的质量。土的密度的测定方法通常有以下三种：环刀法、蜡封法和灌砂法。

2.1 环刀法

1. 试验目的

测定土的密度，以了解土的疏密和干湿状态，供换算土的其他物理性质指标和工程设计以及控制施工质量之用。

2. 适用范围

适用于测定细粒土，即测定一般粘性土的密度。

3. 试验仪器设备(图 2.1)

(1) 环刀：内径 61.8mm 或 79.8mm，高度 20mm。

(2) 天平：称量 500g，最小分度值 0.1g；称量 200g，最小分度值 0.01g。

(3) 其他：削土刀、钢丝锯、玻璃片、凡士林等。

(a) 环刀   (b) 托架天平

图 2.1 环刀法试验主要仪器设备

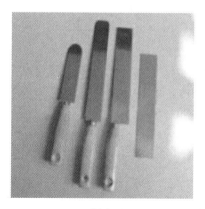

(c) 削土刀

图 2.1 环刀法试验主要仪器设备(续)

4. 试验步骤

(1) 测出环刀的体积 V，在天平上称环刀质量 m_2。

(2) 按工程需要取原状土或人工制备所需要求的重塑土样，其直径和高度应大于环刀的尺寸，整平两端放在玻璃板上。

(3) 将环刀的刀口向下放在土样上面，用手将环刀垂直下压，使土样位于环刀内。然后用削土刀或钢丝锯沿环刀外侧削去两侧余土，边压边削至与环刀口平齐，两端盖上平滑的圆玻璃片，以免水分蒸发。

(4) 擦净环刀外壁，拿去圆玻璃片，称取环刀加土的质量 m_1，精确至 0.1g。

(5) 记录环刀加土的质量 m_1、环刀号以及环刀质量 m_2 和环刀体积 V(即试样体积)，数据填写示例见表 2-1。

表 2-1 密度试验记录(环刀法)

土样编号	环刀号	试样体积 /cm³ (1)	环刀质量/g (2)	环刀＋试样质量/g (3)	土样质量/g (4) (3)-(2)	湿密度 /(g/cm³) (5) $\frac{(4)}{(1)}$	试样含水率/% (6)	干密度/(g/cm³) (7) $\frac{(5)}{1+0.01\times(6)}$	平均干密度 /(g/cm³) (8)
1	1	100			179.6	1.80	14.5	1.57	1.59
	2	100			183.4	1.83	14.2	1.60	
2	3	100			182.6	1.83	15.2	1.59	1.60
	4	100			184.8	1.85	15.4	1.60	
3	5	100			195.8	1.96	18.5	1.65	1.65
	6	100			197.2	1.97	19.2	1.65	

特 别 提 示

① 密度试验应进行 2 次平行测定，两次测定的差值不得大于 0.03g/cm³，取两次试验结果的算术平均值。

② 土的湿密度和干密度按式(2-1)计算：

$$\rho = \frac{m_1 - m_2}{V}$$

$$\rho_{d} = \frac{\rho}{1 + 0.01\omega} \qquad (2\text{-}1)$$

式中 ρ ——温密度，g/cm³，计算至 0.01；

     m_1 ——环刀与土合质量，g；

     m_2 ——环刀质量，g；

     V ——环刀体积，cm³；

     ρ_{d} ——干密度，g/cm³；

     ω ——含水率，%。

 知 识 链 接

土试样的制备

(1) 原状土试样的制备，应按下列步骤进行。

① 将土样筒按标明的上下方向放置，剥去蜡封和胶带，开启土样筒取出土样。检查土样结构，当确定土样已受扰动或取土质量不符合规定时，不应制备力学性质试验的试样。

② 根据试验要求用环刀切取试样时，应在环刀内壁涂一薄层凡士林，刃口向下放在土样上，将环刀垂直下压，并用切土刀沿环刀外侧切削土样，边压边削至土样高出环刀，根据试样的软硬采用钢丝锯或切土刀整平环刀两端土样，擦净环刀外壁，称环刀和土的总质量。

③ 从余土中取代表性试样测定含水率。

④ 切削试样时，应对土样的层次、气味、颜色、夹杂物、裂缝和均匀性进行描述，对低塑性和高灵敏度的软土，制样时不得扰动。

(2) 扰动土试样的备样，应按下列步骤进行。

① 将土样从土样筒或包装袋中取出，对土样的颜色、气味、夹杂物和土类及均匀程度进行描述，并将土样切成碎块，拌和均匀，取代表性土样测定含水率。

② 对均质和含有机质的土，宜采用天然含水率状态下的代表性土样，供颗粒分析、界限含水率试验。对非均质土应根据试验项目取足够数量的土样，置于通风处晾干至可碾散为止。对砂土和进行密度试验的土样宜在 105℃～110℃温度下烘干，对有机质含量超过 5%的土、含石膏和硫酸盐的土，应在 65℃～70℃温度下烘干。

③ 将风干或烘干的土样放在橡皮板上用木碾碾散，对不含砂和砾的土样，可用碎土器碾散(碎土器不得将土粒破碎)。

④ 对分散后的粗粒土和细粒土，应进行过筛处理。对含细粒土的砾质土，应先用水浸泡并充分搅拌，使粗细颗粒分离后按不同试验项目的要求进行过筛。

2.2 蜡 封 法

1. 试验目的

测定土的密度，以了解土的疏密和干湿状态，供换算土的其他物理性质指标和工程设计以及控制施工质量之用。

2. 适用范围

该法适用于易破裂土和形状不规则的坚硬土。

3. 试验仪器设备(图 2.2)

(1) 蜡封设备：应附熔蜡加热器。

(2) 天平：称量 500g，最小分度值 0.1g；称量 200g，最小分度值 0.01g。

(3) 其他：烧杯、细线、石蜡、针、削土刀等。

(a) 蜡封设备

(b) 托架天平

(c) 石蜡

(d) 削土刀

图 2.2　蜡封法试验主要仪器设备

4. 试验步骤

(1) 从原状土样中，切取体积不小于 $30cm^3$ 的代表性试样，清除表面浮土及尖锐棱角，系上细线，称试样质量，准确至 0.01g。

(2) 用线将试样缓缓浸入刚过熔点的蜡液中，浸没后立即提出，检查试样周围的蜡膜，当有气泡时应用针刺破，再用蜡液补平，冷却后称蜡封试样质量。

(3) 将蜡封试样挂在天平的一端，浸没于盛有纯水的烧杯中，称蜡封试样在纯水中的质量，并测定纯水的温度。

(4) 取出试样，擦干蜡面上的水分，再称蜡封试样质量。当浸水后试样质量增加时，应另取试样重做试验。

(5) 数据填写示例见表 2-2。

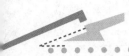

表 2-2 密度试验记录(蜡封法)

土样编号	试件质量/g	蜡封试件质量/g	蜡封试件水中质量/g	温度/℃	水的密度/(g/cm³)	蜡封试件体积/cm³	蜡体积/cm³	试件体积/cm³	湿密度/(g/cm³)	平均湿密度/(g/cm³)	平均含水率/%	平均干密度/(g/cm³)	备注
	(1)	(2)	(3)		(4)	(5)	(6)	(7)	(8)	(9)	(10)	(11)	
						$\frac{(2)-(3)}{(4)}$	$\frac{(2)-(1)}{\rho_n}$	(5)−(6)	$\frac{(1)}{(7)}$			$\frac{(9)}{1+0.01(10)}$	
1A	62.79	66.41	27.44	32	0.995	39.10	3.94	35.16	1.79				石蜡密度 0.92g/cm³
	63.00	66.37	27.60	32	0.995	39.00	3.64	35.36	1.79				
2A	62.59	65.86	27.84	5	1.000	38.02	3.56	34.46	1.82				
	72.05	76.15	32.00	5	1.000	44.15	4.45	39.70	1.82				
平均										1.81	13.5	1.59	

特 别 提 示

① 密度试验应进行两次平行测定,两次测定的差值不得大于 0.03g/cm³,取两次测值的平均值。

② 土的湿密度和干密度按式(2-2)计算:

$$\rho = \frac{m}{\dfrac{m_1-m_2}{\rho_{wt}} - \dfrac{m_1-m}{\rho_n}}$$

(2-2)

$$\rho_d = \frac{\rho}{1+0.01\omega}$$

式中　ρ ——土的湿密度,g/cm³,计算至 0.01;

ρ_d ——土的干密度,g/cm³,计算至 0.01;

m ——试件质量,g;

m_1 ——蜡封试件质量,g;

m_2 ——蜡封试件水中质量,g;

ρ_{wt} ——蒸馏水在 t℃时密度,g/cm³,准确至 0.001;

ρ_n ——石蜡密度,g/cm³,应事先实测,准确至 0.01g/cm³,一般可采用 0.92g/cm³;

ω ——含水率,%。

2.3 灌 砂 法

1. 试验目的

现场测定粗粒土的密度。

2. 试验仪器设备

(1) 密度测定器:由容砂瓶、灌砂漏斗和底盘组成,如图 2.3 所示。

灌砂漏斗高 135mm、直径 165mm，尾部有孔径为 13mm 的圆柱形阀门；容砂瓶容积为 4L，容砂瓶和灌砂漏斗之间用螺纹接头边接。底盘承托灌砂漏斗和容砂瓶。

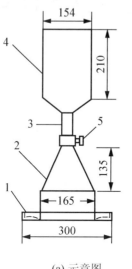

(a) 示意图　　　　　　　　(b) 实物图

图 2.3　密度测定器

1—底盘；2—灌砂漏斗；3—螺纹接头；4—容砂瓶；5—阀门

(2) 天平：称量 10kg，最小分度值 5g；称量 500g，最小分度值 0.1g。

3．试验方法及步骤

1) 测定标准砂的密度

(1) 标准砂应清洗洁净，粒径宜选用 0.25～0.50mm，密度宜选用 1.47～1.61g/cm³。

(2) 组装容砂瓶与灌砂漏斗，螺纹连接处旋紧，称其质量。

(3) 将密度测定器竖立，灌砂漏斗口向上，关阀门，向灌砂漏斗中注满标准砂，打开阀门使灌砂漏斗内的标准砂漏入容砂瓶内，继续向漏斗内注砂漏入瓶内，当砂停止流动时迅速关闭阀门，倒掉漏斗内多余的砂，称容砂瓶、灌砂漏斗和标准砂的总质量，准确至 5g。试验中应避免震动。

(4) 倒出容砂瓶内的标准砂，通过漏斗向容砂瓶内注水至水面高出阀门，关阀门，倒掉漏斗中多余的水，称容砂瓶、漏斗和水的总质量，准确到 5g，并测定水温，准确到 0.5℃。重复测定 3 次，3 次测值之间的差值不得大于 3mL，取 3 次测值的平均值。

2) 计算容砂瓶的容积

$$V_T = (m_{T2} - m_{T1}) / \rho_w$$

式中　V_T——容砂瓶容积，mL；

　　　m_{T2}——容砂瓶、漏斗和水的总质量，g；

　　　m_{T1}——容砂瓶和漏斗的质量，g；

　　　ρ_w——不同水温时水的密度，g/cm³，查表 2-3。

表 2-3 水的密度

温度/℃	水的密度/(g/cm³)	温度/℃	水的密度/(g/cm³)	温度/℃	水的密度/(g/cm³)	温度/℃	水的密度/(g/cm³)
4.0	1.000 0	13.0	0.999 4	22.0	0.997 8	31.0	0.995 3
5.0	1.000 0	14.0	0.999 2	23.0	0.997 5	32.0	0.995 0
6.0	0.999 9	15.0	0.999 1	24.0	0.997 3	33.0	0.994 7
7.0	0.999 9	16.0	0.998 9	25.0	0.997 0	34.0	0.994 4
8.0	0.999 9	17.0	0.998 8	26.0	0.996 8	35.0	0.994 0
9.0	0.999 8	18.0	0.998 8	27.0	0.996 5	36.0	0.993 7
10.0	0.999 7	19.0	0.998 4	28.0	0.996 2		
11.0	0.999 6	20.0	0.998 2	29.0	0.995 9		
12.0	0.999 5	21.0	0.998 0	30.0	0.995 7		

3) 计算标准砂的密度

$$\rho_s = \frac{m_{T3} - m_{T1}}{V_T}$$

式中 ρ_s——标准砂的密度，g/cm³；

m_{T3}——容砂瓶、漏斗和标准砂的总质量，g。

4) 灌砂法试验的步骤

(1) 按以下步骤挖好规定的试坑尺寸，并称试样质量。

① 根据试样最大粒径，确定试坑尺寸，见表 2-4。

表 2-4 试坑尺寸

试样最大粒径	试坑尺寸	
	直径	深度
20	150	200
40	200	250
60	250	300

② 将选定试验处的试坑地面整平，除去表面松散的土层。

③ 按确定的试坑直径划出坑口轮廓线，在轮廓线内下挖至要求深度，边挖边将坑内的试样装入盛土容器内，称试样质量，准确到10g。

(2) 向容砂瓶内注满砂，关阀门，称容砂瓶、漏斗和砂的总质量，准确至10g。

(3) 将密度测定器倒置(容砂瓶向上)于挖好的坑口上，打开阀门，使砂注入试坑。在注砂过程中不应震动，当砂注满试坑时关闭阀门，称容砂瓶、漏斗和余砂的总质量，准确至10g，并计算注满试坑所用的标准砂质量。

5) 计算试样的密度

$$试样密度 \ \rho_0 = \frac{试样质量}{试坑体积}$$

6) 计算试样的干密度(准确至 0.01g/cm³)

$$试样干密度 \ \rho_d = \frac{\rho_0}{1 + 0.01\omega}$$

2.4　试　验　报　告

密度试验报告

试验日期：＿＿＿＿年＿＿月　第＿＿＿周　星期＿＿＿＿　第＿＿＿节课

地点：＿＿＿＿＿＿＿　小组分工：＿＿＿＿＿＿＿＿　交报告日期：＿＿＿＿＿＿＿＿

(1) 环刀法试验报告，见表2-5。

表 2-5　环刀法试验记录

工程名称＿＿＿＿＿＿＿＿＿＿＿＿＿＿＿＿＿＿＿　试验者＿＿＿＿＿＿＿＿＿＿＿＿＿＿＿＿

工程编号＿＿＿＿＿＿＿＿＿＿＿＿＿＿＿＿＿＿＿　计算者＿＿＿＿＿＿＿＿＿＿＿＿＿＿＿＿

试验日期＿＿＿＿＿＿＿＿＿＿＿＿＿＿＿＿＿＿＿　校核者＿＿＿＿＿＿＿＿＿＿＿＿＿＿＿＿

试样编号	环刀号	湿土质量/g	试样体积/cm³	湿密度/(g/cm³)	试样含水率/%	干密度/(g/cm³)	平均干密度/(g/cm³)

(2) 蜡封法试验报告，见表 2-6。

表 2-6　蜡封法试验记录

工程名称＿＿＿＿＿＿　　试验者＿＿＿＿＿＿
工程编号＿＿＿＿＿＿　　计算者＿＿＿＿＿＿
试验日期＿＿＿＿＿＿　　校核者＿＿＿＿＿＿

试样编号	试样质量/g (1)	蜡封试样质量/g (2)	蜡封试样中水质量/g (3)	温度/℃	纯水在T℃时的密度/(g/cm³) (4)	蜡封试样体积/cm³ $(5)=\dfrac{(2)-(3)}{(4)}$	蜡体积/cm³ $(6)=\dfrac{(2)-(1)}{\rho_n}$	试样体积/cm³ $(7)=(5)-(6)$	湿密度/(g/cm³) $(8)=\dfrac{(1)}{(7)}$	含水率/% (9)	干密度/(g/cm³) $(10)=\dfrac{(8)}{1+0.01(9)}$	平均干密度/(g/cm³)

续表

试样编号	试样质量/g	蜡封试样质量/g	蜡封试样水中质量/g	温度/°C	纯水在 T°C 时的密度/(g/cm³)	蜡封试样体积/cm³	蜡体积/cm³	试样体积/cm³	湿密度/(g/cm³)	含水率/%	干密度/(g/cm³)	平均干密度/(g/cm³)
	(1)	(2)	(3)		(4)	$(5)=\dfrac{(2)-(3)}{(4)}$	$(6)=\dfrac{(2)-(1)}{\rho_n}$	$(7)=(5)-(6)$	$(8)=\dfrac{(1)}{(7)}$	(9)	$(10)=\dfrac{(8)}{1+0.01(9)}$	

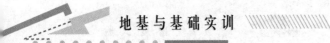

(3) 灌砂法试验报告，见表 2-7。

表 2-7　灌砂法试验记录

工程名称＿＿＿＿＿＿＿　试验者＿＿＿＿＿＿＿
工程编号＿＿＿＿＿＿＿　计算者＿＿＿＿＿＿＿
试验日期＿＿＿＿＿＿＿　校核者＿＿＿＿＿＿＿

试坑编号	量砂容器质量加原有量砂质量/g	量砂容器质量加剩余量砂质量/g	试坑用砂质量/g	量砂密度/(g/cm³)	试坑体积/cm³	试样加容器质量/g	容器质量/g	试样质量/g	试样密度/(g/cm³)	试样含水率/%	试样干密度/(g/cm³)	试样重度/(kN/cm³)
	(1)	(2)	(3)= (1)−(2)	(4)	$(5)=\frac{(3)}{(4)}$	(6)	(7)	(8)=(6)−(7)	$(9)=\frac{(8)}{(5)}$	(10)	$(11)=\frac{(9)}{1+0.01(10)}$	(12)=9.81×(9)

续表

试坑编号	量砂容器质量加原有量砂质量/g	量砂容器质量加剩余量砂质量/g	试坑用砂质量/g	量砂密度/(g/cm³)	试坑体积/cm³	试样加容器质量/g	容器质量/g	试样质量/g	试样密度/(g/cm³)	试样含水率/%	试样干密度/(g/cm³)	试样重度/(kN/cm³)
	(1)	(2)	(3)= (1)−(2)	(4)	(5)= (3)/(4)	(6)	(7)	(8)=(6)−(7)	(9)= (8)/(5)	(10)	(11)= (9)/(1+0.01(10))	(12)= 9.81×(9)

任务 3

天然含水量试验

土的含水量是指土在温度105℃～110℃下烘到恒重时失去的水分质量与达到恒重后干土质量的比值，以百分数表示。

3.1 烘 干 法

1. 试验目的

测定土的含水量，以了解土的含水情况。它是计算土的孔隙比、液性指数、饱和度和其他物理力学性质不可缺少的一个基本指标。

2. 试验方法

采用烘干法测定。烘干法适用于粘性土、砂土和有机质含量土类。

3. 试验仪器设备(图 3.1)

(1) 电热烘箱：温度应能控制在 105℃～110℃。

(2) 天平：称量 200g，最小分度值 0.01g；称量 1 000g，最小分度值 0.1g。

(3) 其他：干燥器、铝盒等。

(a) 电热烘箱

(b) 干燥器

图 3.1 烘干法试验主要仪器设备

4．试验步骤

(1) 先称空铝盒的质量，精确至 0.01g。

(2) 取代表性试样(细粒土)15～30g 或用环刀中的试样(有机质土、砂类土和整体状的冻土)50g，放入称量铝盒内，并立即盖好盒盖，称铝盒加试样的质量。称量时可在天平一端放上与称量盒等质量的砝码，移动天平游码，达平衡后的称量结果即为湿土质量，精确至0.01g。

(3) 打开盒盖，将盒盖套在盒底下，一起放入烘箱内，在 105℃～110℃下烘至恒量。烘干时间对粘土、粉土不得少于 8h，对砂性土不得少于 6h。对有机质超过 5%的土，应将温度控制在 65℃～70℃的恒温下烘至恒重。

(4) 将烘干的试样与盒取出，盖好盒盖放入干燥器内冷却至室温(一般只需 0.5～1h 即可)，冷却后盖好盒盖，称铝盒加干土的质量，精确至0.01g。

(5)计算含水量

$$\omega=\frac{m-m_s}{m_s}\times100\%$$

式中 ω ——含水量，计算至 0.1；

　　　　m ——湿土质量，g；

　　　　m_s ——干土质量，g。

⬤ 特 别 提 示

本试验需进行 2 次平行测定，取其算术平均值，允许行差值应符合表 3-1 的规定。

表 3-1 允许平行差值

含水率/%	＜40	≥40
允许平行差值/%	1.0	2.0

(6) 试验结果示例，见表 3-2。

表 3-2 含水量试验记录示例

试样编号	盒号	盒质量/g	盒加湿土质量/g	盒加干土质量/g	水分质量/g	干土质量/g	含水量/%	平均含水量/%
		(1)	(2)	(3)	(4)=(2)−(3)	(5)=(3)−(1)	(6)=$\frac{(4)}{(5)}$	(7)
1	1	20	38.87	35.45	3.42	15.45	22.1	21.5
	2	20	40.24	36.76	3.48	16.76	20.8	
2	3	20	40.35	36.16	4.19	16.16	25.9	25.6
	4	20	40.45	36.34	4.11	16.34	25.2	

3.2 酒精燃烧法

1. 试验目的

本法用于快速简易测定细粒土(含有机质的土除外)的含水量。

2. 试验仪器设备(图 3.2)

称量盒；天平(感量 0.01g)；酒精(纯度 95%)；滴管、火柴、调土刀等。

(a) 称量盒

(b) 天平(感量 0.01g)

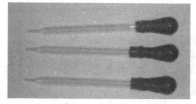

(c) 滴管

(d) 调土刀

图 3.2 酒精燃烧法试验主要仪器设备

3. 试验步骤

(1) 取代表性试样(粘质土 5~10g，砂类土 20~30g)，放入称量盒内，称湿土质量 m，准确至 0.01g。

(2) 用滴管将酒精注入放有试样的称量盒中，直至盒中出现自由液面为止。为使酒精在试样中充分混合均匀，可将盒底在桌面上轻轻敲击。

(3) 点燃盒中酒精，燃至火焰熄灭。

(4) 将试样冷却数分钟，然后再重新燃烧两次。

(5) 待第三次火焰熄灭后，盖好盒盖，立即称干土质量，准确至 0.01g。

(6) 计算含水量

$$\omega = \frac{m - m_s}{m_s} \times 100\%$$

3.3　试　验　报　告

含水量试验报告

试验日期：_____年___月 第_____周 星期_____ 第_____节课

地点：_____ 小组分工：_____ 交报告日期：_____

表 3-3　含水量试验记录

工程名称_____试验者_____

工程编号_____计算者_____

试验日期_____校核者_____

试样编号	盒号	盒质量/g	盒加湿土质量/g	盒加干土质量/g	水分质量/g	干土质量/g	含水量/%	平均含水量/%
		(1)	(2)	(3)	(4)=(2)−(3)	(5)=(3)−(1)	$(6)=\dfrac{(4)}{(5)}$	(7)

任务 4

土粒相对密度试验

土粒相对密度是试样在 105℃～110℃下烘至恒重时、土粒质量与同体积 4℃时的水质量之比。

4.1 比重瓶法

1. 试验目的

本试验目的是测定土的相对密度(土粒密度)。相对密度是土的物理性质基本指标之一,为计算土的孔隙比、饱和度以及为其他土的物理力学试验(如颗粒分析的密度计法试验、压缩试验等)提供必需的数据。

2. 试验方法

通常采用密度瓶法测定粒径小于 5mm 的颗粒组成的各类土。

用密度瓶法测定土粒体积时,必须注意所排除的液体体积确能代表固体颗粒的实际体积。由于土中含有气体,试验时必须把它排尽,否则影响测试精度。可用沸煮法或抽气法排除土内气体,所用的液体为纯水。当土中含有大量的可溶盐类、有机质、胶粒时,可用中性溶液,如煤油、汽油、甲苯等,此时,必须采用抽气法排气。

3. 试验仪器设备(图 4.1)

(1) 密度瓶:容量 100mL 或 50mL,分长径和短径两种。

(2) 天平:称量 200g,最小分度值 0.001g。

(3) 砂浴:应采用可调节温度的(或可调电加热器)。

(4) 恒温水槽:准确度应为 ±1℃。

(5) 温度计:测量范围为 0℃～50℃,最小分度值为 0.5℃。

(6) 真空抽气设备。

(7) 其他：烘箱、纯水、中性液体、小漏斗、干毛巾、小洗瓶、研钵及研棒、孔径为 2mm 及 5mm 筛、滴管等。

(a) 密度瓶

(b) 电砂浴

(c) 恒温水槽

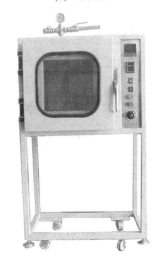

(d) 真空抽气箱

(e) 烘箱

(f) 研钵及研棒

图 4.1　土粒相对密度试验主要仪器设备

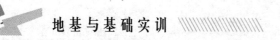

4. 试验步骤

(1) 试样制备：取有代表性的风干的土样约 100g，碾散并全部过 5mm 的筛。将过筛的风干土及洗净的密度瓶在 100℃～110℃下烘干，取出后置于干燥器内冷却至室温并称量后备用。

(2) 将密度瓶烘干，冷却后称得瓶的质量。

(3) 称烘干试样 15g(当用 50mL 的密度瓶时，称烘干试样 10g)经小漏斗装入 100mL 密度瓶内，称得试样和瓶的质量，准确至 0.001g。

(4) 为排出土中空气，将已装有干试样的密度瓶，注入半瓶纯水，稍加摇动后放在砂浴上煮沸排气。煮沸时间自悬液沸腾时算起，砂土应不少于 30min，粘土、粉土不得少于 1h。煮沸后应注意调节砂浴温度，密度瓶内悬液不得溢出瓶外。然后，将密度瓶取下冷却。

(5) 将事先煮沸并冷却的纯水(或排气后的中性液体)注入装有试样悬液的密度瓶中；如用长颈瓶，用滴管注水恰至刻度处，擦干瓶内、外刻度上的水，称瓶、水土总质量。如用短颈密度瓶，将纯水注满瓶塞紧瓶塞，使多余水分自瓶塞毛细管中溢出。将瓶外水分擦干后，称密度瓶、水和试样总质量，准确至 0.001g。然后立即测出瓶内水的温度，准确至 0.5℃。

(6) 根据测得的温度，从已绘制的温度与瓶、水总质量关系曲线中查得各试验密度瓶、水总质量。

(7) 当用中性液体代替纯水测定可溶盐、粘土矿物或有机质含量较高的土的土粒密度时，常用真空抽气法排除土中空气。抽气时间一般不得少于 1h，直至悬液内无气泡逸出为止，其余步骤同前。

特 别 提 示

① 当采用中性液体时，不能用煮沸法。

② 煮沸(或抽气)排气时，必须防止悬液溅出瓶外，火力要小，并防止煮干。必须将土中气体排尽，否则影响试验成果。

③ 必须使瓶中悬液与纯水的温度一致。

④ 称量必须准确，必须将密度瓶外水分擦干。

⑤ 若用长颈式密度瓶，当液体灌满密度瓶时，液面位置前后几次应一致，以弯液面下缘为准。

⑥ 本试验必须进行两次平行测定，两次测定的差值不得大于 0.02，取两次测值的平均值，精确至 0.01g/cm³。

水的密度见表 4-1，中性液体的密度应实测，称量精确至 0.001g/cm³。

表 4-1　不同温度时水的密度

水温/℃	4.0～5	6～15	16～21	22～25	26～28	29～32	33～35	36
水的密度/(g/cm³)	1.000	0.999	0.998	0.997	0.996	0.995	0.994	0.993

4.2 试 验 报 告

土粒相对密度试验报告

试验日期：_____年___月 第_____周 星期_____第_____节课

地点：_____ 小组分工：_____ 交报告日期：_____

表 4-2 土粒相对密度试验记录

工程名称_____ 试验者_____

工程编号_____ 计算者_____

试验日期_____ 校核者_____

试验编号	密度瓶号	温度/℃	液体密度	密度瓶质量/g	瓶、干土总质量/g	干土质量/g	瓶、液体总质量/g	瓶、液、土总质量/g	与干土同体积的液体质量/g	相对密度	平均相对密度
		(1)	(2)	(3)	(4)	(5)=(4)-(3)	(6)	(7)	(8)=(5)+(6)-(7)	(9)=$\frac{(5)}{(8)}$×(2)	

任务 5

密实度试验

无粘性土一般是指具有单粒结构的碎石土和砂土，土粒之间无粘结力，呈松散状态。无粘性土的密实度是指碎石土和砂土的疏密程度，其与工程性质有着密切的关系。密实的无粘性土由于压缩性小，抗剪强度高，承载力大，可作为建筑物的良好地基。但如果处于疏松状态，尤其是细砂和粉砂，那么其承载力就有可能很低。如果位于地下水位以下，那么在动荷载作用下还有可能由于超静水压力的产生而发生液化。因此，当工程中遇到无粘性土时，首先要注意的就是它的密实度，这里只介绍砂土密实度的测定方法。

砂土的密实度通常采用相对密度来判别，相对密度是砂土处于最松状态的孔隙比与天然状态孔隙比之差和最松状态的孔隙比与最紧密状态的孔隙比之差的比值。

相对密度是砂性土紧密程度的指标，对于建筑物和地基的稳定性，特别是在抗震稳定性方面具有重要的意义。密实的砂，具有较高的抗剪强度及较低的压缩性，在震动情况下液化的可能性小；而松散的砂，其稳定性差，压缩性高，对于饱和的砂土，在震动情况下，还容易产生液化。

砂土的密实程度在一定程度上可用其孔隙比来反映，但砂土的密实程度并不单独取决于孔隙比，在很大程度上还取决于土的颗粒级配。颗粒级配不同的砂土即使具有相同的孔隙比，但由于土的颗粒大小的不同，颗粒排列不同，所处的密实状态也会不同。为了同时考虑孔隙比和颗粒级配的影响，引入砂土相对密度的概念来反映砂土的密度。

5.1 砂土密实度试验概述

1. 试验目的

本试验的目的是求无粘性土的最大与最小孔隙比，用于计算相对密度，借以了解该土在自然状态或经压实后的松紧情况和土粒结构的稳定性。

2. 试验方法

砂土的相对密度涉及砂土的最大孔隙比、最小孔隙比及天然孔隙比，砂土的相对密度试验就是进行砂土的最大孔隙比(或最小干密度)试验和最小孔隙比(或最大干密度)试验，适用于粒径不大于 5mm，且粒径 2～5mm 的试样质量不大于试样总质量 15% 的土。

1) 砂土的最大孔隙比(最小干密度)试验

(1) 仪器设备。

① 500mL 量筒及内径 600mm 的 1 000mL 量筒，如图 5.1 所示。

② 颈管的内径为 1.2cm 的长颈漏斗，颈口应磨平。

③ 直径 1.5cm 的锥形塞，并焊接在铁杆上，如图 5.2 所示。

④ 砂面拂平器，如图 5.2 所示。

⑤ 橡皮板。

⑥ 称量 1 000g、最小分度值 1g 的天平。

图 5.1　量筒

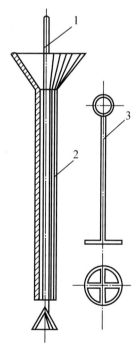

图 5.2　长颈漏斗

1—锥形塞；2—长颈漏斗；3—拂平器

(2) 操作步骤。

漏斗法操作如下。

① 称取代表性的烘干或充分风干试样 1.5kg，用手搓揉或用圆木在橡皮板上碾散，并拌和均匀。

② 将锥形塞杆自长颈漏斗下口向上穿入，并向上提起，以使锥底堵住漏斗管口，一并放入容积 1 000mL 的量筒内，并使其下端与量筒底接触。

③ 称取试样 700g，分数次均匀缓慢地倒入漏斗中，将漏斗和锥形塞杆同时提高，然后下移塞杆，使锥体略离开管口，管口应经常保持高出砂面约 1～2cm 的距离，从而使试样缓慢且均匀分布地落入量筒中。

④ 试样全部松散地落入量筒后，取出漏斗和锥形塞，用砂面拂平器将砂面拂平，然后测记试样体积，估读至 5mL。

量筒法操作如下。

在漏斗法试验测定试样体积后，紧接着用手掌或橡皮板堵住量筒口，将量筒倒转，然后缓慢地转回到原来位置，如此重复数次后，再记下试样在量筒内所占体积的最大值，估读至 5mL。

取漏斗法和量筒法两种方法中测得的较大试样体积值，并计算最小干密度及最大孔隙比。砂的最大孔隙比(最小干密度)试验必须进行两次平行测定，两次测定的密度差值不得大于 0.03g/cm^3，并取两次测值的平均值。

2) 砂土的最小孔隙比(最大干密度)试验

砂土的最小孔隙比试验，也称砂土的最大干密度试验，就是测定砂在最紧密状态的孔隙比及干密度的试验，砂的最小孔隙比(最大干密度)试验采用振动锤击法。

(1) 仪器设备。

① 金属圆筒，有两种：一种容积 250mL、内径为 5cm；另一种容积 1 000mL、内径为 10cm，高度均为 12.7cm，附护筒。

② 振动叉，如图 5.3 所示。

③ 击锤，如图 5.4 所示，锤质量 1.25kg，落 15 cm，锤直径 5 cm。

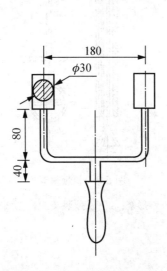

图 5.3　振动叉(单位：mm)

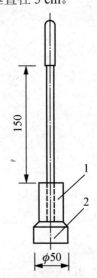

图 5.4　击锤(单位：mm)

1—击锤；2—锤座

(2) 操作步骤如下。

① 称取代表性试样 2 000g，拌匀，分 3 次倒入金属圆筒内，且为圆筒容积的 1/3，试

样每次倒入圆筒后，先用振动叉以每分钟 150～200 次的速度各敲打圆筒两侧，并在同一时间内以每分钟 30～60 次的速度用击锤锤击试样表面，直至试样体积不变为止(一般需 15～10mL)，如此重复第二层和第三层。

② 振毕，取下护筒，并且修土刀齐圆顶面刮平试样，然后称圆筒内和试样的总质量，计算出试样质量，准确至 1g，并记录试样体积。

砂的最小孔隙比(最大干密度)试验必须进行两次平行测定，两次测定的密度差值不得大于 0.03g/cm³，并取两次测值的平均值。

3. 成果计算

1) 最小干密度和最大孔隙比计算

(1) 砂土的最小干密度按式(5-1)计算：

$$\rho_{max} = \frac{m_d}{V_{max}} \qquad (5\text{-}1)$$

式中　ρ_{max}——试样的最小干密度，g/cm³；

　　　　m_d——试样干土质量，g；

　　　　V_{max}——试样的最大体积，cm³。

(2) 砂土的最大孔隙比按式(5-2)计算：

$$e_{max} = \frac{\rho_w G_s}{\rho_{d,min}} - 1 \qquad (5\text{-}2)$$

式中　e_{max}——试样的最大孔隙比；

　　　　σ_ω——水的密度，g/cm³；

　　　　G_s——土粒密度。

2) 最大干密度和最小孔隙比计算

(1) 砂的最大干密度按式(5-3)计算：

$$\rho_{d,max} = \frac{m_d}{V_{min}} \qquad (5\text{-}3)$$

式中　$\sigma_{d,max}$——砂的最大干密度，g/cm³；

　　　　m_d——试样干土质量，g；

　　　　V_{min}——试样的最小体积，cm³。

(2) 砂的最小孔隙比按式(5-4)计算：

$$e_{min} = \frac{\rho_w G_s}{\rho_{d,max}} - 1 \qquad (5\text{-}4)$$

3) 砂的相对密度按式(5-5)计算：

$$D_r = \frac{e_{max} - e_0}{e_{max} - e_{min}} \qquad (5\text{-}5)$$

式中　D_r——砂的相对密度；

　　　　e_0——砂的天然孔隙比；

　　　　ρ_d——天然干密度或要求的干密度。

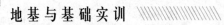

5.2 试验报告

密实度试验报告

试验日期：_____年___月 第_____周 星期_____第_____节课

地点：_____ 小组分工：_____ 交报告日期：_____

表 5-1 密实度试验记录

工程名称：_____ 试验者：_____

工程编号：_____ 计算者：_____

试验日期：_____ 校核者：_____

试验项目		最大孔隙比(最小干密度)	最小孔隙比(最大干密度)
试验方法		漏斗法	振击法
试样加容器质量/g	(1)		
容器质量/g	(2)		
试样质量/g	(3)=(1)-(2)		
试样体积/cm³	(4)		
干密度/(g/cm³)	(5)=(3)÷(4)		
平均干密度/(g/cm³)	(6)		
土粒密度	(7)		
孔隙比	(8)		
天然干密度(g/cm³)	(9)		
天然孔隙比	(10)		
相对密度	(11)		

任务6

界限含水量试验

粘土由于其含水量的不同，而分别处于固态、半固态、可塑状态及流动状态。可塑状态就是当粘性土在某含水量范围内，可用外力塑成任何形状而不发生裂纹，并当外力移去后仍能保持既得的形状，土的这种性能叫做可塑性。粘性土由一种状态转到另一种状态的分界含水量，叫做界限含水量。

如图 6.1 所示，土由可塑状态转到流动状态的界限含水量叫做液限(也称塑性上限含水量或流限)，用符号 ω_L 表示；土由半固态转到可塑状态的界限含水量叫做塑限(也称塑性下限含水量)，用符号 ω_p 表示；土由半固体状态经过不断蒸发水分，体积逐渐缩小，直到体积不再缩小时的界限含水量叫做缩限，用符号 ω_s 表示。它们都以百分数表示。

图 6.1　粘性土物理状态与含水量的关系

6.1　粘性土的液限、塑限联合测定试验

1. 试验目的

测定粘性土的液限 ω_L 和塑限 ω_p，并由此计算塑性指数 I_p、液性指数 I_L，从而判别粘性土的软硬程度。同时，作为粘性土的定名分类以及估算地基土承载力的依据。

2. 基本原理

粘性土随含水量变化，从一种状态转变为另一种状态的含水率界限值，称为界限含水率。液限是粘性土从可塑状态转变为流动状态的界限含水率；塑限是粘性土可塑状态转变为半固态的界限含水率。

液限、塑限联合测定法是根据圆锥仪的圆锥入土深度与其相应的含水率在双对数坐标上具有线性关系的特性来进行的。利用圆锥质量为 76g 的液、塑限联合测定仪测得土在不

同含水率时的圆锥入土深度，并绘制其关系直线图。在图上查得圆锥下沉深度为 17mm 所对应的含水率即为液限，查得圆锥下沉深度为 2mm 所对应的含水率即为塑限。

3. 试验方法

土的液限试验——采用锥式法。

土的塑限试验——采用搓条法。

土的液塑限试验——采用液塑限联合测定法。

本试验采用液、塑限联合测定法，适用于粒径小于 0.5mm 颗粒以及有机质含量不大于试样总质量 5% 的土。

4. 试验仪器设备

(1) 液塑限联合测定仪：如图 6.2 所示，该仪器包括带标尺的圆锥仪、有电磁铁、显示屏、控制开关、测读装置、升降支座等，圆锥质量 76g，锥角 30°，试样杯内径 40mm，高 30mm。

(2) 天平：称量 200g，最小分度值 0.01g。

(3) 其他：烘箱、干燥器、调土刀、不锈钢杯、凡士林、称量盒、孔径 0.5mm 的筛等。

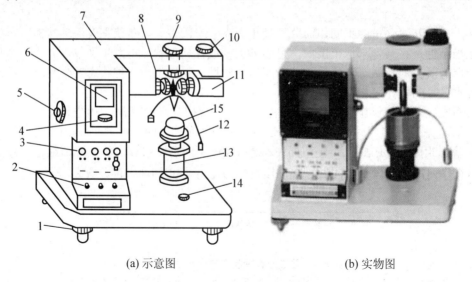

(a) 示意图　　　　　　　　　　　(b) 实物图

图 6.2　光电式液塑限仪结构图

1—水平调节螺母；2—控制开关；3—指示灯；4—零线调节螺钉；5—反光镜调节螺钉；
6—屏幕；7—机壳；8—物镜调节螺钉；9—电池装置；10—光源调节螺钉；11—光源装置；
12—圆锥仪；13—升降台；14—水平泡；15—盛土杯

5. 试验步骤

(1) 本试验宜采用天然含水率试样，当土样不均匀时，采用风干试样；当试样中含有粒径大于 0.5mm 的土粒和杂物时，应选孔径为 0.5mm 的筛。

(2) 当采用天然含水率土样时，取代表性土样 250g；采用风干试样时，取 0.5mm 筛下的代表性土样 200g。然后将其分成 3 份，分别放入 3 个盛土皿中，加入不同数量的纯水，使分别接近液限、塑限和两者中间状态的含水量，调成均匀膏状，放入调土皿，浸润过夜。

(3) 将制备的试样充分调拌均匀，填入试样杯中，填样时不应留有空隙，对较干的试样充分搓揉，密实地填入试样杯中，填满后刮平表面。

(4) 将试样杯放在联合测定仪的升降座上，在圆锥上抹一薄层凡士林，接通电源，使电磁铁吸住圆锥。

(5) 调节零点，将屏幕上的标尺调在零位，调整升降座，使圆锥尖接触试样表面，当指示灯亮时，圆锥在自重下沉入试样，经 5s 后测读圆锥下沉深度(显示在屏幕上)，然后取出试样杯，挖去锥尖入土处的凡士林，取锥体附近的试样不少于 10g，放入称量盒内，测定含水率。

(6) 按步骤(3)~(5)分别测试其余两个试样的圆锥下沉深度及相应的含水率。液、塑限联合测定应不少于 3 点。

● 特 别 提 示

① 圆锥入土深度以 3~4mm、7~9mm、15~17mm 为宜。
② 土样分层装杯时，注意土中不能留有空隙。
③ 每种含水率设 3 个测点，取平均值作为这种含水率所对应土的圆锥入土深度，如三点下沉深度相差太大，则必须重新调试土样。

6. 计算与绘图

(1) 计算各试样的含水率，计算公式与含水率试验相同。

(2) 绘制圆锥下沉深度 h 与含水量 ω 的关系曲线。以含水率为横坐标，圆锥下沉深度为纵坐标，在双对数坐标纸上绘制关系曲线，三点连成一直线(图 6.3 中的 A 线)。当三点不在一直线上时，可通过高含水率的一点与另两点连成两条直线，在圆锥下沉深度为 2mm 处查得相应的含水率。当两个含水率的差值≥2%时，应重做试验；当两个含水率的差值<2%时，用这两个含水率的平均值与高含水率的点连成一条直线(图 6.3 中的 B 线)。

(3) 从圆锥下沉深度 h 与含水量 ω 关系图上查得：下沉深度为 17mm 所对应的含水量为液限 ω_L；下沉深度为 2mm 所对应的含水量为塑限 ω_p，以百分数表示，精确至 0.1%。

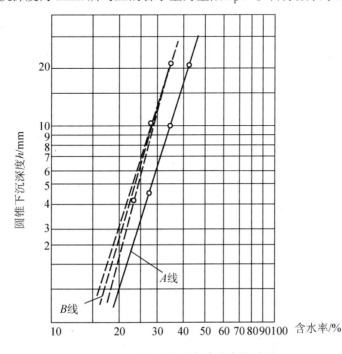

图 6.3　圆锥入土深度与含水率关系图

(4) 计算塑性指数和液性指数

塑性指数：$I_P = \omega_L - \omega_p$

液性指数：$I_L = \dfrac{\omega - \omega_p}{I_P}$

6.2 锥式仪液限试验

液限是指粘性土可塑状态与流塑状态的界限含水率。

1. 试验目的

本试验为测定粘性土的液限 ω_L 含水率。

2. 试验仪器设备

(1) 锥式液限仪：该仪器的主要部分是用不锈钢制成的精密圆锥体，顶角30°，高约25mm，距锥尖10mm处刻有一环形刻线。有两个金属锤通过一半圆形钢丝固定在圆锥体上部作为平衡装置。锥式液限仪的圆锥质量是76g。另外该仪器还配备有试样杯和台座各一个(图6.4)。

(2) 天平：称量200g，最小分度值0.01g。

(3) 电烘箱。

(4) 烘干称量盒。

(5) 其他：盛土器皿、调土板、调土刀、滴管、凡士林等。

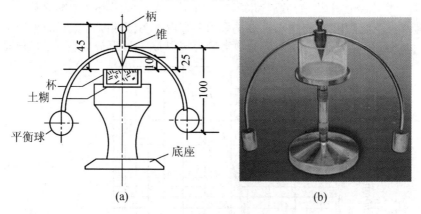

图 6.4 锥式液限仪

3. 试验步骤

(1) 取有代表性的天然含水率的土样，在橡皮垫上将土碾散(切勿压碎颗粒)，然后将土样放入调土皿中，加纯水调成均匀浓糊状。若土中含有大于0.5mm颗粒时，应过孔径0.5mm的筛去掉。

(2) 将调土刀取制备好的土样放在调土板上彻底拌均匀，填入试样杯中，填土时注意勿使土内留有空气，然后刮去多余的土，使土面与杯口平齐，然后将试样杯放在台座上。注意在刮去余土时，不得用刀在土面上反复涂抹。

(3) 用纸或布揩净锥式液限仪，并在锥体上抹一薄层凡士林。用拇指和食指提住上端手柄，使锥尖与试样中部表面接触，放开手指使锥体在重力作用下沉入土中。

(4) 若锥体约经过 15s 沉入土中的深度大于或小于 10mm 时,则表示试样的含水率高于或低于液限。这时应先挖出粘有凡士林的土去掉,再将试样杯中的试样全部放回调土板上,或铺开使多余水分蒸发,或加入少量纯水,重新调拌均匀,再重复(2)、(3)、(4)步的操作,直至当锥体经 15s 沉入土中深度恰好为 10mm 时为止,此时土样的含水率即为液限 ω_L。

(5) 取出锥体,挖出粘有凡士林的土后,在沉锥附近取土约 10g 放到烘干的称量盒中。然后按含水率试验方法测定含水率。

4. 计算液限

计算液限的公式如下:

$$\omega_L = \frac{m_w}{m_s} \times 100\% = \frac{m_1 - m_2}{m_2 - m_0} \times 100\%$$

式中符号的意义同前。

特别提示

(1) 在制备好的试样中加水时不能一次加得太多,特别是初次宜加少许水。
(2) 试验前应校验锥式液限仪的平衡性能。
(3) 需取两次试样进行测定,并两次测定差值:当液限<40%时,不大于 1%;液限≥40% 时,不大于 2%。取两次测定的平均值,以百分数表示。

6.3　搓条法塑限试验

塑限是粘性土的可塑状态与半固态的界限含水率。

1. 试验目的

测定粘性土的塑限 ω_p,并根据 ω_L 和 ω_p 计算土的塑性指数 I_p,进行粘性土的定名分类,判别粘性土的软硬程度。

2. 试验仪器设备

(1) 毛玻璃板:尺寸 200mm×300mm。
(2) 天平:分度值 0.01~0.001g。
(3) 卡尺:分度值为 0.02mm、直径为 3mm 的铁丝(图 6.5)。
(4) 其他:称量盒、滴管、纯水、吹风机、烘箱等。

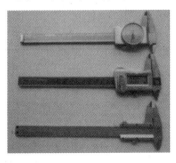

图 6.5　卡尺

3. 试验步骤

(1) 取 0.5mm 筛下的代表性试样 100g，放在盛土皿中加纯水拌匀，湿润过夜。

(2) 将制备好的试样在手中揉捏至不粘手，当捏扁出现裂缝时，表示其含水率接近塑限。

(3) 取接近塑限含水率的试样 8~10g，然后用手搓成椭圆形，放在毛玻璃板上用手掌滚搓，滚搓时手掌用力要均匀地施加在土条上，土条不得有空心现象，长度不宜大于手掌宽度。

(4) 若土条搓压至直径达 3mm 时仍没有出现裂纹和断裂，或者直径大于 3mm 时土条就出现裂纹和断裂，表示试样的含水率高于塑限或低于塑限，都应该重新取样再进行滚搓，直到土条直径搓成 3mm 时其土条表面产生均匀裂纹并开始断裂(图 6.6)，此时试样的含水量即为塑限。

(5) 取直径 3mm 有裂纹的土条 3~5g，测定土条的含水率即为塑限 ω_p。

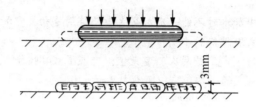

图 6.6 滚搓法测定塑限

4. 计算与记录

计算粘性土塑限 ω_p 公式同前。滚搓法塑限试验记录示例见表 6-1。

表 6-1 滚搓法塑限试验记录

工程名称＿＿＿＿＿＿＿＿＿＿＿＿ 试验者＿＿＿＿＿＿＿＿＿＿

工程编号＿＿＿＿＿＿＿＿＿＿＿＿ 计算者＿＿＿＿＿＿＿＿＿＿

试验日期＿＿＿＿＿＿＿＿＿＿＿＿ 校核者＿＿＿＿＿＿＿＿＿＿

称量盒盒号	称量盒质量/g	湿土＋称量盒总质量/g	干土＋称量盒质量/g	水分质量/g	干土质量/g	塑限/%	平均值/%
	(1)	(2)	(3)	(4)=(2)-(3)	(5)=(3)-(1)	(6)=$\frac{(4)}{(5)}$	(7)
1	20	38.77	35.45	3.32	15.45	21.5	21.2
2	20	40.24	36.76	3.48	16.76	20.8	

●特 别 提 示

① 搓条时要用手掌全面地施加轻微的均匀压力搓滚。搓条法测塑限需要耐心反复地实践，才能达到试验标准。

② 做两次平行试验，取两个测值的平均值，以百分数表示。

6.4　试　验　报　告

界限含水量试验报告

试验日期：_____年___月　第_____周　星期_____　第_____节课

地点：_____　小组分工：_____　交报告日期：_____

(1) 粘性土的液限、塑限联合测定试验报告，见表 6-2。

表 6-2　液限、塑限联合测定试验记录

工程名称_____试验者_____

工程编号_____计算者_____

试验日期_____校核者_____

试样编号	圆锥下沉深度/mm	盒号	盒加湿土质量/g	盒加干土质量/g	盒质量/g	水质量/g	干土质量/g	含水量/%	液限/%	塑限/%	塑性指数	液性指数
			(1)	(2)	(3)	(4)	(5)	(6)	(7)	(8)	(9)	(10)
						(1)-(2)	(2)-(3)	$\frac{(4)}{(5)}\times100$			(7)-(8)	

(2) 锥式仪液限试验报告，见表 6-3。

表 6-3　锥式仪液限试验记录

工程名称＿＿＿＿＿＿＿＿＿＿＿＿＿＿＿＿　试验者＿＿＿＿＿＿＿＿＿＿＿＿＿

工程编号＿＿＿＿＿＿＿＿＿＿＿＿＿＿＿＿　计算者＿＿＿＿＿＿＿＿＿＿＿＿＿

试验日期＿＿＿＿＿＿＿＿＿＿＿＿＿＿＿＿　校核者＿＿＿＿＿＿＿＿＿＿＿＿＿

试样编号	盒号	盒加湿土质量/g	盒加干土质量/g	盒质量/g	水质量/g	干土质量/g	液限/%	液限平均值/%	备注
		(1)	(2)	(3)	(4)=(1)-(2)	(5)=(2)-(3)	$(6)=\dfrac{(4)}{(5)}\times100$	(7)	

(3) 搓条法塑限试验报告，见表 6-4。

表 6-4 搓条法塑限试验记录

工程名称＿＿＿＿＿＿＿＿＿＿＿＿＿＿＿ 试验者＿＿＿＿＿＿＿＿＿＿＿＿

工程编号＿＿＿＿＿＿＿＿＿＿＿＿＿＿＿ 计算者＿＿＿＿＿＿＿＿＿＿＿＿

试验日期＿＿＿＿＿＿＿＿＿＿＿＿＿＿＿ 校核者＿＿＿＿＿＿＿＿＿＿＿＿

试样编号	盒号	盒加湿土质量 /g	盒加干土质量 /g	盒质量 /g	水质量 /g	干土质量 /g	塑限 /%	塑限平均值 /%	备注
		(1)	(2)	(3)	(4)=(1)−(2)	(5)=(2)−(3)	(6)=$\frac{(4)}{(5)}\times100$	(7)	

任务 7

击 实 试 验

7.1 击实试验概述

土的击实性是指土在反复冲击荷载作用下能被压密的特性。击实土是最简单易行的土质改良方法，常用于填土压实。通过研究土的最优含水量和最大干重度，可提高击实效果。最优含水量和最大干重度采用现场或室内击实试验测定。在工程建设中，为了提高填土的强度，增加土的密实度，降低其透水性和压缩性，通常用分层压实的办法来处理地基。

实践表明，对过湿的土进行夯实或碾压就会出现软弹现象(俗称"橡皮土")，此时土的密实度是不会增大的。对很干的土进行夯实或碾压，显然也不能把土充分压实。所以，要使土的压实效果最好，其含水量一定要适当。在一定的压实能量下使土最容易压实，并能达到最大密实度时的含水量，称为土的最优含水量(或称最佳含水量)，用 ω_{op} 表示。相对应的干重度叫做最大干重度，以 $\gamma_{d,max}$ 表示。

1. 试验目的

测定土的最优含水量和最大干重度。

2. 试验方法

可采用轻型击实和重型击实。轻型击实试验适用于粒径小于 5mm 的粘性土，重型击实试验适用于粒径不大于 20mm 的土。采用三层击实时，最大粒径不大于 40mm。

3. 试验仪器设备

(1) 击实仪，有轻型击实仪和重型击实仪两类，由击实筒和击实杆组成，如图 7.1 所示。
(2) 称量 200g 的天平，感量 0.01g。
(3) 孔径为 5mm 的标准筛。
(4) 称量 10kg 的台秤，感量 1g。
(5) 其他，如喷雾器、盛土容器、修土刀及碎土设备等。

图 7.1   标准击实仪

4. 试验步骤

(1) 将具有代表性的风干土样，对于轻型击实试验为 20kg，对于重型击实试验为 50kg。碾碎后过 5mm 的筛，将筛下的土样拌匀，并测定土样的风干含水率。

(2) 根据土的塑限预估最优含水率，加水湿润制备不少于 5 个含水率的试样，含水率依次相差为 2%，且其中有两个含水率大于塑限，两个含水率小于塑限，一个含水率接近塑限。

计算制备试样所需的加水量：

$$m_w = \frac{m_0}{1+0.01w_0} \times 0.01(w-w_0) \tag{7-1}$$

式中　m_w ——所需的加水量，g；

　　　w_0 ——风干含水率，%；

　　　m_0 ——风干含水率 w_0 时土样的质量，g；

　　　w ——要求达到的含水率，%。

(3) 将试样平铺于不吸水的平板上，按预定含水率用喷雾器喷洒所需的加水量，充分搅和并分别装入塑料袋中静置 24h。

(4) 将击实筒固定在底座上，装好护筒，并在击实筒内涂一薄层润滑油，将搅和的试样分层装入击实筒内。对于轻型击实试验，分 3 层，每层 25 击；对于重型击实试验，分 5 层，每层 56 击，两层接触土面应刨毛，击实完成后，超出击实筒顶的试样高度应小于 6mm。

(5) 取下导筒，用刀修平超出击实筒顶部和底部的试样，擦净击实筒外壁，称击实筒与试样的总质量，准确至 1g，并计算试样的湿密度。

(6) 用推土器将试样从击实筒中推出，从试样中心处取两份一定量土料(轻型击实试验为 15～30g，重型击实试验为 50～100g)测定土的含水率，两份土样的含水率的差值应不大于 1%。

5. 计算数据并绘图

(1) 计算干密度：

$$\rho_d = \frac{\rho}{1+0.01w} \tag{7-2}$$

式中　ρ_d ——干密度，g/cm³，准确至 0.01g/cm³；

　　　ρ_d ——密度，g/cm³；

　　　w ——含水率，%。

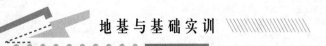

(2) 计算饱和含水率：

$$w_{sat} = (\frac{1}{\rho_d} - \frac{1}{G_S}) \times 100\%$$ (7-3)

式中　w_{sat}——饱和含水率，%。

(3) 以干密度为纵坐标，含水率为横坐标，绘制干密度与含水率的关系曲线及饱和曲线，干密度与含水率的关系曲线上峰点的坐标分别为土的最大密度与最优含水率，如不连成完整的曲线时，应进行补点试验，如图 7.2 所示。

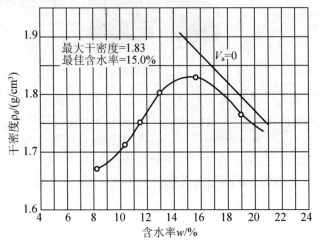

图 7.2　含水率与干密度的关系

● 特 别 提 示

轻型击实试验中，当试样中粒径大于 5mm 的土质量小于或等于试样总质量的 30%时，应对最大干密度和最优含水率进行校正。

① 按式(7-4)计算校正后的最大干密度：

$$\rho'_{d\,max} = \frac{1}{\dfrac{1-P_5}{\rho_{d\,max}} + \dfrac{P_5}{\rho_w G_{s2}}}$$ (7-4)

式中　$\rho'_{d\,max}$——校正后试样的最大干密度，g/cm^3；

　　　P_5——粒径大于 5mm 土粒的质量百分数，%；

　　　G_{s2}——粒径大于 5mm 土粒的饱和面干密度，饱和面干密度是指当土粒呈饱和面干状态时的土粒总质量与相当于土粒总体积的纯水 4℃时质量的比值。

② 按式(7-5)计算校正后的最优含水率：

$$w'_{op} = w_{op}(1-P_5) + P_5 w_{ab}$$ (7-5)

式中　w'_{op}——校正后试样的最优含水率，%；

　　　w_{op}——击实试样的最优含水率，%；

　　　w_{ab}——粒径大于 5mm 土粒的吸着含水率，%。

7.2　试　验　报　告

击实试验报告

试验日期：_____年___月 第_____周 星期_____第_____节课

地点：_____　小组分工：_____　交报告日期：_____

表 7-1　击实试验记录

工程名称_____试验者_____

工程编号_____计算者_____

试验日期_____校核者_____

试验仪器：　　　　　　　　土样类别：　　　　　　　　每层击数：

估计最优含水率：　　　　　　风干含水率：　　　　　　土粒密度：

	试验次数			1	2	3	4	5	6
干密度	加水量/g								
	筒加土重/g	(1)							
	筒重/g	(2)							
	湿土重/g	(3)	(1)−(2)						
	筒体积/cm³	(4)							
	密度/(g/cm³)	(5)	(3)/(4)						
	干密度/(g/cm³)	(6)	(5)/1+0.001w						
含水率	盒号								
	盒加湿土质量/g	(1)							
	盒加干土质量/g	(2)							
	盒质量/g	(3)							
	水质量/g	(4)	(1)−(2)						
	干土质量/g	(5)	(2)−(3)						
	含水率/%	(6)	(4)/(5)						
	平均含水率/%								

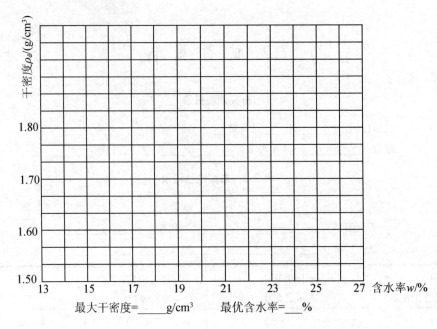

图 7.3　干密度与含水率的关系曲线

任务 8

侧限压缩试验

8.1 压缩试验概述

压缩试验(也称固结试验)是研究土的压缩性的基本方法。压缩试验就是将天然状态下的原状土或人工制备的扰动土,制备成一定规格的土样,然后置于固结仪内,在不同荷载和在完全侧限条件下测定土的压缩变形。

1. 试验目的

通过本试验可以测定土的压缩系数、压缩模量、压缩指数等指标。

2. 试验仪器设备

(1) 固结仪:由环刀、护环、透水板、加压上盖等组成,土样面积 $30cm^2$ 或 $50cm^2$,高度 2cm。

(2) 加荷设备:可采用量程为 5~10kN 的杠杆式、磅秤式等加荷设备。

(3) 变形量测设备:可采用最大量程 10mm、最小分度值 0.01 mm 的百分表。

(4) 毛玻璃板、圆玻璃板、滤纸、切土刀、钢丝锯和凡士林或硅油等。

3. 试验步骤

(1) 按工程需要选择面积为 $30cm^2$ 或 $50cm^2$ 的切土环刀,环刀内侧涂上一层薄薄的凡士林或硅油,刀口应向下放在原状土或人工制备的扰动土上,切取原状土样时应与天然状态时垂直方向一致。

(2) 小心地边压边削,注意避免环刀偏心入土,应使整修土样进入环刀并凸出环刀为止,然后用钢丝锯(软土)或用修土刀(较硬的土或硬土)将环刀两侧余土修平,擦净环刀外壁。

(3) 测定土样密度,并在余土中取代表性土样测定其含水量,然后用圆玻璃片将环刀

两端盖上，防止水分蒸发。

(4) 在固结仪内装上带有试样的切土样刀(刀口向下)，在土样两端应贴上洁净而湿润的滤纸，再用单环螺丝将导环置于固结，然后放在透水石和传夺活塞以及定向钢球。

(5) 将装有土样的固结容器，准确地放在加荷横梁的中心，如杠杆式固结仪，应调整杠杆平衡，为保证试样与容器上下各部件之间接触良好，应施加 1kPa 预压荷载；如采用气压式压缩仪，可按规定调节气压力，使之平衡，同时使各部件之间密合。

(6) 调整百分表或位移传感器至"0"读数，并按工程需要确定加压等级、测定项目以及试验方法。

(7) 加压等级可采用 50kPa、100kPa、200kPa、300kPa、400kPa。有时根据土的软硬程度，第一级荷载可采用 25kPa。

(8) 对于饱和试样，在试样受第一级荷重后，应立即向固结容器的水槽中注水浸没试样，而对于非饱和土样，须用湿棉纱或湿海绵覆盖于加压盖板四周，避免水分蒸发。

(9) 当试验结束时，应先排除固结容器内水分，然后拆除容器内各部件，取出带环刀的土样，必要时，擦干试样两端和环刀外壁上的水分，测定试验后的密度和含水量。

8.2 试验报告

固结试验报告

试验日期：_____年___月 第_____周 星期_____第_____节课

地点：_____ 小组分工：_____ 交报告日期：_____

表 8-1 固结试验记录(一)

工程编号_____ 试 验 者_____

土样编号_____ 计 算 者_____

取土深度_____ 校 核 者_____

土样说明_____ 试验日期_____

表 8-1-1 含水试验

试样情况		盒号	盒加湿土质量/g	盒加干土质量/g	盒质量/g	水质量/g	干土质量/g	含水率/%
			(1)	(2)	(3)	(4)=(1)−(2)	(5)=(2)−(3)	(6)=$\frac{(4)}{(5)}\times100$
试验前	饱和前							
	饱和后							
试验后								

表 8-1-2　密度试验

试样情况		环土加土质量/g	环刀质量/g	土质量/g	试样体积/cm³	密度/(g/cm³)
		(1)	(2)	(3)=(1)−(2)	(4)	(5)=$\frac{(3)}{(4)}$
试验前	饱和前					
	饱和后					
试验后						

表 8-1-3　孔隙比及饱和度计算

试样情况	试验前	试验后
含水率/%		
密度/(g/cm³)		
孔隙比		
饱和度/%		

表 8-2　固结试验记录(二)

工程编号＿＿＿＿＿＿＿　土样编号＿＿＿＿＿＿＿　试 验 者＿＿＿＿＿

仪器编号＿＿＿＿＿＿＿　土样说明＿＿＿＿＿＿＿　试验日期＿＿＿＿＿

经过时间/min	压力/kPa							
	50		100		200		400	
	时间	读数	时间	读数	时间	读数	时间	读数
0.00								
0.25								
1.00								
2.25								
4.00								
6.25								
9.00								
12.25								
16.00								
20.25								

续表

经过时间/min	压力/kPa							
	50		100		200		400	
	时间	读数	时间	读数	时间	读数	时间	读数
25.00								
30.25								
36.00								
42.25								
60.00								
23h								
24h								
总变形量/mm								
仪器变形量/mm								
试样总变形量/mm								

表 8-3　固结试验记录(三)

工程编号＿＿＿＿＿＿　　土样编号＿＿＿＿＿＿　　试验日期＿＿＿＿＿＿

试　验　者＿＿＿＿＿＿　　计　算　者＿＿＿＿＿＿　　校　核　者＿＿＿＿＿＿

加荷时间/h	压力/kPa	试样总变形量/mm	压缩后试样高度/mm	单位沉降量/(mm/m)	孔隙比	平均试样高度/mm	单位沉降量差/(mm/m)	压缩模量/MPa	压缩系数/MPa^{-1}
	p	$\Sigma\Delta h_i$	$h=h_0-\Sigma\Delta h_i$	$s_i=\dfrac{\Sigma\Delta h_i}{h_0}\times1000$	$e_i=e_0-\dfrac{s_i(1+e_0)}{1000}$	$\bar{h}=\dfrac{h_1+h_2}{2}$	S_1-S_2	E_S	a_{1-2}
0									
24									
24									
24									
24									
24									

任务 9

直接剪切试验

9.1 直接剪切试验概述

直接剪切试验，简称直剪试验，它是测定土体抗剪强度指标最简单的方法。直接剪切试验使用的仪器称为直接剪切仪(简称直剪仪)，分为应变控制式和应力控制式两种。前者对试样采用等速剪应变测定相应的剪应力，后者则是对试样分级施加剪应力测定相应的剪切位移。以我国普遍采用的应变控制式直剪仪为例，其结构如图 9.1 所示。它主要由剪力盒、垂直和水平加载系统及测量系统等部分组成。安装好土样后，通过垂直加压系统施加垂直荷载，即受剪面上的法向应力 σ，再通过均匀旋转手轮向土样施加水平剪应力 τ，当土样受剪破坏时，受剪面上所施加的剪应力即为土的抗剪强度 τ_f。对于同一种土，至少需要 3～4 个土样，在不同的法向应力 σ 下进行剪切试验，测出相应的抗剪强度 τ_f，然后根据 3～4 组相应的试验数据可以点绘出库仑直线，由此求出土的抗剪强度指标 φ、c，如图 9.2 所示。

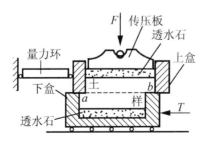

图 9.1 直接剪力仪结构示意图

由于直剪试验只能测定作用在受剪面上的总应力，不能测定有效应力或孔隙水应力，所以试验中常模拟工程实际选择直接快剪、直接慢剪和固结快剪三种试验方法。

由于土样排水条件和固结程度的不同，三种试验方法所得的抗剪强度指标也不相同，其库仑直线如图 9.3 所示。三种方法的内摩擦角有如下关系：$\varphi_s > \varphi_{cq} > \varphi_q$，工程中要根据具体情况选择适当的强度指标。

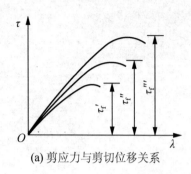

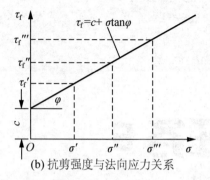

(a) 剪应力与剪切位移关系　　　　(b) 抗剪强度与法向应力关系

图9.2　直接剪切试验成果图

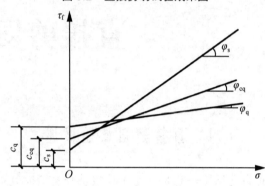

图9.3　不同试验方法的抗剪强度指标

直剪试验仪器构造简单，土样制备及操作方法便于掌握，并符合某些特定条件，目前广泛应用。

9.2　慢　剪　试　验

1. 试验目的

确定土的抗剪强度指标：内摩擦角和粘聚力。本试验方法适用于细粒土。

2. 试验方法

本试验是将同一种土的几个试样分别在不同的垂直压力作用下，沿固定的剪切面直接施加水平剪力，得到破坏时的剪应力，然后根据库仑定律，确定土的抗剪强度指标：内摩擦角和粘聚力。

3. 试验仪器设备

(1) 直剪仪：采用应变控制式直接剪切仪，如图9.1所示，由剪切盒、垂直加压设备、剪切传动装置、测力计以及位移量测系统等组成，其中加压设备采用杠杆传动。

(2) 测力计：采用应变圈，量表为百分表。

(3) 环刀：内径6.18cm，高2.0cm。

(4) 其他：切土刀、钢丝锯、滤纸、毛玻璃板、凡士林等。

4. 试验步骤

(1) 原状土试样制备，每组试样不得少于4个。

(2) 对准剪切容器上下盒，插入固定销，在下盒内放透水板和滤纸，将带有试样的环刀刃口向上，对准剪切盒口，在试样上放滤纸和透水板，将试样小心地推入剪切盒内。

特 别 提 示

透水板和滤纸的湿度应接近试样的湿度。

(3) 移动传动装置，使上盒前端钢珠刚好与测力计接触，依次放上传压板、加压框架，安装垂直位移和水平位移量测装置，并调至零位或测力计初读数。

(4) 根据工程实际和土的软硬程度施加各级垂直压力，对松软试样垂直压力应分级施加，以防土样挤出。施加压力后，向盒内注水，当试样为非饱和试样时，应在加压板周围包以湿棉纱。

(5) 施加垂直压力后，每 1h 测读垂直变形一次，直至试样固结变形稳定。变形稳定标准为每小时不大于 0.005mm。

(6) 拔去固定销，以小于 0.02mm/min 的剪切速度进行剪切，试样每产生剪切位移 0.2mm～0.4mm，记录测力计和位移读数，直至测力计读数出现峰值，再继续剪切至剪切位移为 4mm 时停机，记下破坏值，当剪切过程中测力计读数无峰值时，应剪切至剪切位移为 6mm 时停机。

(7) 剪切结束，吸去盒内积水，退去剪切力和垂直压力，移动加压框架，取出试样，测定试样含水率。

(8) 剪应力应按式(9-1)计算：

$$\tau = \frac{C \cdot R}{A_0} \times 10 \tag{9-1}$$

式中　τ ——试样所受的剪应力，kPa，计算至 0.1；

　　　R ——测力计量表读数，0.01mm；

　　　C ——测力计校正系数，kPa/0.01mm。

(9) 以剪应力为纵坐标，剪切位移为横坐标，绘制剪应力与剪切位移关系曲线，如图 9.2(a) 所示，取曲线上剪应力的峰值为抗剪强度，无峰值时，取剪切位移 4mm 所对应的剪应力为抗剪强度。

(10) 以抗剪强度为纵坐标，垂直压力为横坐标，绘制抗剪强度与垂直压力关系曲线 (图 9.4)，直线的倾角为内摩擦角，直线在纵坐标上的截距为粘聚力。

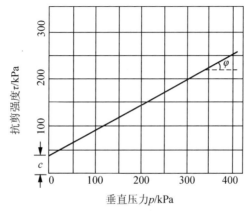

图 9.4　抗剪强度与垂直压力关系曲线

9.3 固结快剪试验

1. 试验目的

本试验方法适用于渗透系数小于 10^{-6} cm/s 的细粒土。

2. 试验方法

本试验是将同一种土的几个试样分别在不同的垂直压力作用下，沿固定的剪切面直接施加水平剪力，得到破坏时的剪应力，然后根据库仑定律，确定土的抗剪强度指标：内摩擦角和粘聚力。

3. 试验仪器设备

(1) 直剪仪：采用应变控制式直接剪切仪，如图 1.26 所示，由剪切盒、垂直加压设备、剪切传动装置、测力计以及位移量测系统等组成，其中加压设备采用杠杆传动。

(2) 测力计：采用应变圈，量表为百分表。

(3) 环刀：内径 6.18cm，高 2.0cm。

(4) 其他：切土刀、钢丝锯、滤纸、毛玻璃板、凡士林等。

4. 试验步骤

(1) 原状土试样制备，每组试样不得少于 4 个。

(2) 对准剪切容器上下盒，插入固定销，在下盒内放透水板和滤纸，将带有试样的环刀刃口向上，对准剪切盒口，在试样上放滤纸和透水板，将试样小心地推入剪切盒内。

● 特 别 提 示

透水板和滤纸的湿度应接近试样的湿度。

(3) 移动传动装置，使上盒前端钢珠刚好与测力计接触，依次放上传压板、加压框架，安装垂直位移和水平位移量测装置，并调至零位或测力计初读数。

(4) 根据工程实际和土的软硬程度施加各级垂直压力，对松软试样垂直压力应分级施加，以防土样挤出。施加压力后，向盒内注水，当试样为非饱和试样时，应在加压板周围包以湿棉纱。

(5) 施加垂直压力后，每 1h 测读垂直变形一次，直至试样固结变形稳定。变形稳定标准为每小时不大于 0.005mm。

(6) 拔去固定销，剪切速度以 0.8mm/min，使试样在 3～5min 内剪损，并每隔一定时间记录测力计百分表读数，直至剪损。

当测力计百分表读数不变或后退时，继续剪切至剪切位移为 4mm 时停止，记下破坏值。当剪切过程中测力计百分表无峰值时，剪切至剪切位移达 6mm 时停止。

(7) 剪切结束，吸去盒内积水，退去剪切力和垂直压力，移动加压框架，取出试样，测定试样含水率。

(8) 剪应力应按式(9-2)计算：

$$\tau = \frac{C \cdot R}{A_0} \times 10 \qquad\qquad (9\text{-}2)$$

式中　τ——试样所受的剪应力，kPa，计算至 0.1；

　　　R——测力计量表读数，0.01mm；

　　　C——测力计校正系数，kPa/0.01mm。

(9) 以剪应力为纵坐标，剪切位移为横坐标，绘制剪应力与剪切位移关系曲线(图1.27(a))，取曲线上剪应力的峰值为抗剪强度，无峰值时，取剪切位移 4mm 所对应的剪应力为抗剪强度。

(10) 以抗剪强度为纵坐标，垂直压力为横坐标，绘制抗剪强度与垂直压力关系曲线(图 1.29)，直线的倾角为内摩擦角，直线在纵坐标上的截距为粘聚力。

9.4　快　剪　试　验

1. 试验目的

确定土的抗剪强度指标：内摩擦角和粘聚力。本试验方法适用于渗透系数小于 10^{-6} cm/s 的细粒土。

2. 试验方法

本试验是将同一种土的几个试样分别在不同的垂直压力作用下，沿固定的剪切面直接施加水平剪力，得到破坏时的剪应力，然后根据库仑定律，确定土的抗剪强度指标：内摩擦角和粘聚力。

3. 试验仪器设备

(1) 直剪仪：采用应变控制式直接剪切仪，如图 1.26 所示，由剪切盒、垂直加压设备、剪切传动装置、测力计以及位移量测系统等组成，其中加压设备采用杠杆传动。

(2) 测力计：采用应变圈，量表为百分表。

(3) 环刀：内径 6.18cm，高 2.0cm。

(4) 其他：切土刀、钢丝锯、滤纸、毛玻璃板、凡士林等。

4. 试验步骤

(1) 原状土试样制备，每组试样不得少于 4 个。

(2) 对准剪切容器上下盒，插入固定销，在下盒内放透水板和硬塑料薄膜，将带有试样的环刀刃口向上，对准剪切盒口，在试样上放硬塑料薄膜和透水板，将试样小心地推入剪切盒内。

(3) 移动传动装置，使上盒前端钢珠刚好与测力计接触，依次放上传压板、加压框架，安装水平位移量测装置，并调至零位或测力计初读数。

(4) 根据工程实际和土的软硬程度施加各级垂直压力，对松软试样垂直压力应分级施加，以防土样挤出。施加压力后，向盒内注水，当试样为非饱和试样时，应在加压板周围包以湿棉纱。

（5）施加垂直压力后，每 1h 测读垂直变形一次，直至试样固结变形稳定。变形稳定标准为每小时不大于 0.005mm。

（6）拔去固定销，剪切速度以 0.8mm/min，使试样在 3～5min 内剪损。并每隔一定时间记录测力计百分表读数，直至剪损。

当测力计百分表读数不变或后退时，继续剪切至剪切位移为 4mm 时停止，记下破坏值。当剪切过程中测力计百分表无峰值时，剪切至剪切位移达 6mm 时停止。

（7）剪切结束，吸去盒内积水，退去剪切力和垂直压力，移动加压框架，取出试样，测定试样含水率。

（8）剪应力应按式(9-3)计算：

$$\tau = \frac{C \cdot R}{A_0} \times 10 \tag{9-3}$$

式中　τ——试样所受的剪应力，kPa，计算至 0.1；

　　　R——测力计量表读数，0.01mm；

　　　C——测力计校正系数，kPa/0.01mm。

（9）以剪应力为纵坐标，剪切位移为横坐标，绘制剪应力与剪切位移关系曲线(图1.27(a))，取曲线上剪应力的峰值为抗剪强度，无峰值时，取剪切位移 4mm 所对应的剪应力为抗剪强度。

（10）以抗剪强度为纵坐标，垂直压力为横坐标，绘制抗剪强度与垂直压力关系曲线(图 1.29)，直线的倾角为内摩擦角，直线在纵坐标上的截距为粘聚力。

9.5　试　验　报　告

直剪试验报告

试验日期：_____年___月　第_____周　星期_____第_____节课

地点：_____　小组分工：_____　交报告日期：_____

表 9-1-1　直剪试验记录(一)

工程编号_____　　试　验　者_____

试样编号_____　　计　算　者_____

试验方法_____　　校　核　者_____

试验日期_____

仪器编号	(1)	(2)	(3)	(4)
盒号				
湿土质量/g				
干土质量/g				
含水率/%				

仪器编号	(1)	(2)	(3)	(4)
量力环系数 /(kPa/0.01mm)				
试样质量/g				
试样密度 /(g/cm³)				
垂直压力/kPa				
固结沉降量/mm				

表 9-1-2 　直剪试验记录(二)

工程编号＿＿＿＿＿＿＿＿＿＿　　　　试 验 者＿＿＿＿＿＿＿＿＿＿

试样编号＿＿＿＿＿＿＿＿＿＿　　　　计 算 者＿＿＿＿＿＿＿＿＿＿

试验方法＿＿＿＿＿＿＿＿＿＿　　　　校 核 者＿＿＿＿＿＿＿＿＿＿

试验日期＿＿＿＿＿＿＿＿＿＿

剪切位移/0.01mm	量力环读数/0.01mm	剪应力/kPa	垂直位移/0.01mm
(1)	(2)	$(3)=\dfrac{C \cdot (2)}{A_0}$	(4)

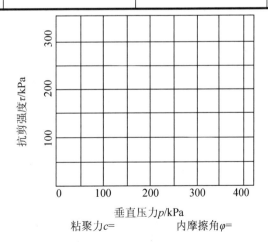

粘聚力 c =　　　　　　　内摩擦角 φ =

图 9.5 　抗剪强度与垂直压力关系曲线

任务 10

三轴剪切试验

10.1 三轴剪切试验概述

三轴剪切试验是测定土抗剪强度的一种较为完善的方法。三轴仪的构造示意图如图 10.1 所示,它由放置土样的压力室、垂直压力控制及量测系统、围压控制及量测系统、土样孔隙水压及体积变化量测系统等部分所组成。压力室是三轴仪的核心组成部分,它是一个由金属上盖、底座和透明有机玻璃圆筒组成的密闭容器。

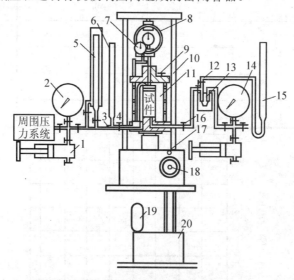

图 10.1　三轴仪构造示意图

1—调压筒;2—周围压力表;3—周围压力阀;4—排水阀;5—体变管;6—排水管;

7—变形量表;8—量力环;9—排水孔;10—轴向加压设备;11—压力室;12—量管阀;

13—零位指示器;14—孔隙水压力表;15—量管;16—孔压力阀;17—离合器;

18—手轮;19—电动机;20—变速箱

1. 试验目的

在比较完善的环境条件下测定土的抗剪强度。

2. 试验方法

三轴压缩试验是根据莫尔—库仑强度理论，用 3～4 个试样，分别在不同的恒定周围压力下施加轴向压力，进行剪切直至破坏，从而确定土的抗剪强度。本试验方法适用于细粒土和粒径小于 20mm 的粗粒土。应根据工程要求分别采用不固结不排水剪试验、固结不排水剪试验和固结排水剪试验。

⬤ 特 别 提 示

本试验必须制备 3 个以上性质相同的试样，在不同的周围压力下进行试验。试验宜在恒温条件下进行。

3. 试验仪器设备

(1) 应变控制式三轴仪(图 10.1)。

(2) 附属设备：包括击样器、饱和器、切土器、原状土分样器、切土盘、承膜筒和对开圆膜，如图 10.2 所示。

(3) 天平：称量 200g，最小分度值 0.01g；称量 1 000g，最小分度值 0.1g。

(4) 橡皮膜：应具有弹性的乳胶膜，对直径 39.1mm 和 61.8mm 的试样，厚度以 0.1～0.2mm 为宜，对直径 101mm 的试样，厚度以 0.2～0.3mm 为宜。

(5) 透水板：直径与试样直径相等，其渗透系数宜大于试样的渗透系数，使用前在水中煮沸并泡于水中。

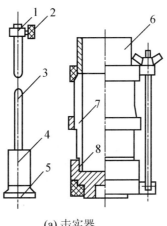

(a) 击实器

1—套环；2—定位螺丝；3—导杆；4—击锤；5—底板；6—套筒；7—饱和器；8—底板

图 10.2 试验仪器附属设备

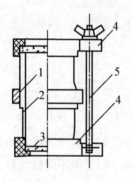

(b) 饱和器

1—紧箍；2—土样筒；3—透水石；4—夹板；5—拉杆

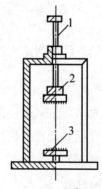

(c) 切土盘

1—转轴；2—上盘；3—下盘

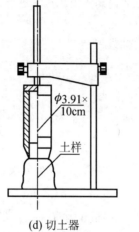

(d) 切土器

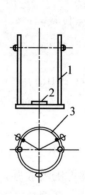

(e) 原状土分样器（适用于软粘土）

1—滑杆；2—底座；3—钢丝架

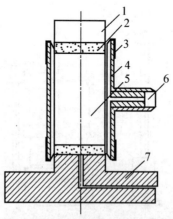

(f) 承膜筒(橡皮膜借膜筒套在试样外)

1—上帽；2—透水石；3—橡皮膜；4—承膜筒身；5—试样；6—吸气孔；7—三轴仪底座

图 10.2　试验仪器附属设备(续)

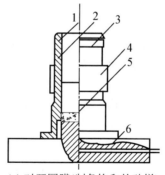

(g) 对开圆膜(制备饱和的砂样)

1—橡皮膜；2—制样圆模(两版组成)；3—橡皮圈；4—圆箍；5—透水石；6—仪器底座

图 10.2　试验仪器附属设备(续)

特 别 提 示

试验时的仪器，应符合下列规定：

① 周围压力的测量准确度应为全量程的 1%，根据试样的强度大小，选择不同量程的测力计，应使最大轴向压力的准确度不低于 1%。

② 孔隙水压力量测系统内的气泡应完全排除。系统内的气泡可用纯水冲出或施加压力使气泡溶解于水，并从试样底座溢出。

③ 管路应畅通，各连接处应无漏水，压力室活塞杆在轴套内应能滑动。

④ 橡皮膜在使用前应做仔细检查，其方法是扎紧两端，向膜内充气，在水中检查，应无气泡溢出，方可使用。

知 识 链 接

(1) 试样制备。

① 本试验采用的试样最小直径为 35mm，最大直径为 101mm，试样高度宜为试样直径的 2～2.5 倍，试样的允许最大粒径：当试样直径不大于 100mm，允许最大粒径为试样直径的 1/10；当试样直径大于 100mm，允许最大粒径为试样直径的 1/5。对于有裂缝、软弱面和构造面的试样，试样直径宜大于 60mm。

② 原状土试样制备应按第①条的规定将土样切成圆柱形试样。

a. 对于较软的土样，先用钢丝锯或切土刀切取一稍大于规定尺寸的土柱，放在切土盘上下圆盘之间，用钢丝锯或切土刀紧靠侧板，由上往下细心切削，边切削边转动圆盘，直至土样被削成规定的直径为止。试样切削时应避免扰动，当试样表面遇有砾石或凹坑时，允许用削下的余土填补。

b. 对较硬的土样，先用切土刀切取一稍大于规定尺寸的土柱，放在切土架上，用切土器切削土样，边削边压切土器，直至切削到超出试样高度约 2cm 为止。

c. 取出试样，按规定的高度将两端削平，称量，并取余土测定试样的含水率。

d. 对于直径大于 10cm 的土样，可用分样器切成 3 个土柱，按上述方法切取 φ39.1mm 的试样。

(2) 试样饱和。

试样饱和可选用抽气饱和，其所用仪器有：真空饱和法整体装置、饱和器、真空缸、抽气机、真空测压表、天平、硬橡皮管、橡皮塞、管夹、二路活塞、水缸、凡士林等(图10.3)。

将试样装入饱和器内，按下列步骤进行。

a) 将装有试样的饱和器放入真空缸内，真空缸和盖之间涂一薄层凡士林，盖紧。将真空缸与抽气机接通，启动抽气机，当真空压力表读数接近当地一个负大气压力值时(抽气时间不少于1h)，微开管夹，使清水徐徐注入真空缸，在注水过程中，真空压力表读数宜保持不变。

b) 待水淹没饱和器后停止抽气。开管夹使空气进入真空缸，静止一段时间，细粒土宜为10h，使试样充分饱和。

c) 打开真空缸，从饱和器内取出带环刀的试样，称环刀和试样总质量，并计算饱和度。当饱和度低于95%时，应继续抽气饱和。

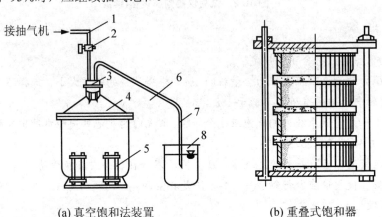

接抽气机 →

(a) 真空饱和法装置   (b) 重叠式饱和器

1—排气管；2—二通阀；3—橡皮塞；4—真空缸；5—饱和器；6—管夹；7—引水管；8—水缸

图10.3　抽气饱和仪器

● 特 别 提 示 ●●

① 扰动土试样制备应根据预定的干密度和含水率。其中，扰动土试样的备样，应按下列步骤进行(图10.4)。

对制备好的试样，应量测其直径和高度。试样的平均直径应按式(10-1)计算：

$$D_0 = \frac{D_1 + 2D_2 + D_3}{4}$$ (10-1)

式中　D_1，D_2，D_3——分别为试样上、中、下部位的直径，mm。

② 砂类土的试样制备应先在压力室底座上依次放上不透水板、橡皮膜和对开圆模。根据砂样的干密度及试样体积，称取所需的砂样质量，分三等份，将每份砂样填入橡皮膜内，填至该层要求的高度，依次第二层、第三层，直至膜内填满为止。当制备饱和试样时，在压力室底座上依次放透水板、橡皮膜和对开圆模，在模内注入纯水至试样高度的1/3，将砂样三等分，在水中煮沸，待冷却后分3层，按预定的干密度填入橡皮膜内，直至膜内填满为止。当要求的干密度较大时，填砂过程中，轻轻敲打对开圆模，使所称的砂样填满规定的体积，整平砂面，放上不透水板或透水板，试样帽，扎紧橡皮膜。对试样内部施加5kPa负压力使试样能站立，拆除对开圆模。

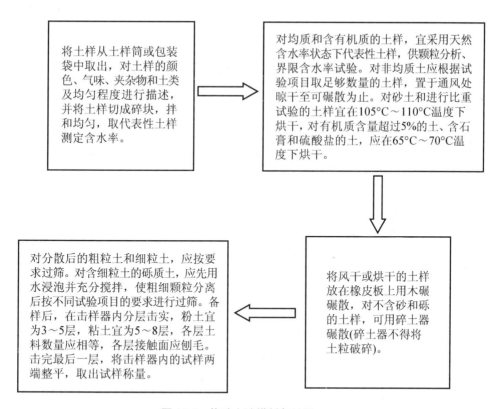

将土样从土样筒或包装袋中取出，对土样的颜色、气味、夹杂物和土类及均匀程度进行描述，并将土样切成碎块，拌和均匀，取代表性土样测定含水率。

对均质和含有机质的土样，宜采用天然含水率状态下代表性土样，供颗粒分析、界限含水率试验。对非均质土应根据试验项目取足够数量的土样，置于通风处晾干至可碾散为止。对砂土和进行比重试验的土样宜在105℃～110℃温度下烘干，对有机质含量超过5%的土、含石膏和硫酸盐的土，应在65℃～70℃温度下烘干。

对分散后的粗粒土和细粒土，应按要求过筛。对含细粒土的砾质土，应先用水浸泡并充分搅拌，使粗细颗粒分离后按不同试验项目的要求进行过筛。备样后，在击样器内分层击实，粉土宜为3～5层，粘土宜为5～8层，各层土料数量应相等，各层接触面应刨毛。击完最后一层，将击样器内的试样两端整平，取出试样称量。

将风干或烘干的土样放在橡皮板上用木碾碾散，对不含砂和砾的土样，可用碎土器碾散(碎土器不得将土粒破碎)。

图 10.4　扰动土试样制备过程

4. 试验步骤

下面以固结不排水剪试验介绍其试验步骤(其他两种试验：不固结不排水剪试验和固结排水剪试验见相关土工试验标准)。

1) 试样的安装

(1) 打开孔隙水压力阀和量管阀，对孔隙水压力系统及压力室底座充水排气后，关闭孔隙水压力阀和量管阀。压力室底座上依次放上透水板、湿滤纸、试样、湿滤纸、透水板，试样周围贴浸水的滤纸条 7～9 条。将橡皮膜用承膜筒套在试样外，并用橡皮圈将橡皮膜下端与底座扎紧。打开孔隙水压力阀和量管阀，使水缓慢地从试样底部流入，排除试样与橡皮膜之间的气泡，关闭孔隙水压力阀和量管阀。打开排水阀，使试样帽中充水，放在透水板上，用橡皮圈将橡皮膜上端与试样帽扎紧，降低排水管，使管内水面位于试样中心以下20～40cm，吸除试样与橡皮膜之间的余水，关闭排水阀。

特 别 提 示

如果需要测定土的应力应变关系时，应在试样与透水板之间放置中间夹有硅脂的两层圆形橡皮膜，膜中间应留有直径为1cm的圆孔排水。

(2) 压力室罩安装、充水及测力计调整。

将离合器调至粗位，转动粗调手轮，当试样帽与活塞及测力计接近时，将离合器调至细位，改用细调手轮，使试样帽与活塞及测力计接触，装上变形指示计，将测力计和变形

指示计调至零位。

2) 试样排水固结

(1) 调节排水管使管内水面与试样高度的中心齐平，测记排水管水面读数。

(2) 打开孔隙水压力阀，使孔隙水压力等于大气压力，关闭孔隙水压力阀，记下初始读数。

特别提示

当需要施加反压力时，应按下列步骤进行。

① 反压力饱和：试样要求完全饱和时，应对试样施加反压力。

② 反压力系统和周围压力系统相同，但应用双层体变管代替排水量管。试样装好后，调节孔隙水压力等于大气压力，关闭孔隙水压力阀、反压力阀、体变管阀。测记体变管读数。开周围压力阀，先对试样施加 20kPa 的周围压力，打开孔隙水压力阀，待孔隙水压力变化稳定，测记读数，关闭孔隙水压力阀。反压力应分级施加，同时分级施加周围压力，以尽量减少对试样的扰动。周围压力和反压力的每级增量宜为 30kPa，打开体变管阀和反压力阀，同时施加周围压力和反压力，缓慢打开孔隙水压力阀，检查孔隙水压力增量，待孔隙水压力稳定后，测记孔隙水压力和体变管读数，再施加下一级周围压力和孔隙水压力。计算每级周围压力引起的孔隙水压力增量，当孔隙水压力增量与周围压力增量之比 $\Delta u / \Delta \sigma_3 > 0.98$ 时，认为试样饱和。

3) 测定孔隙水压力

将孔隙水压力调至接近周围压力值，施加周围压力后，再打开孔隙水压力阀，待孔隙水压力稳定后测定孔隙水压力。

4) 打开排水阀

5) 记录高度变化

需要测定沉降速率、固结系数时，施加每一级压力后宜按下列时间顺序测记试样的高度变化。时间为 6s、15s、1min、2min15s、4min、6min15s、9min、12min15s、16min、20min15s、25min、30min15s、36min、42min15s、49min、64min、100min、200min、400min、23h、24h，至稳定为止。不需要测定沉降速率时，则施加每级压力后 24h 测定试样高度变化作为稳定标准，只需测定压缩系数的试样，施加每级压力后，每小时变形达 0.01mm 时，测定试样高度变化作为稳定标准。按此步骤逐级加压至试验结束。

特别提示

逐级加压直至孔隙水压力消散 95% 以上，固结完成后，关闭排水阀，测记孔隙水压力和排水管水面读数。

6) 测定试样固结时高度变化

微调压力机升降台，使活塞与试样接触，此时轴向变形指示计的变化值为试样固结时的高度变化。

7) 剪切试样

(1) 剪切应变速率粘土宜为每分钟应变 0.05%～0.1%；粉土为每分钟应变 0.1%～0.5%。

(2) 将测力计、轴向变形指示计及孔隙水压力读数均调整至零。

(3) 启动电动机，合上离合器，开始剪切。

● 特 别 提 示 ....

测力计、轴向变形、孔隙水压力应按下列步骤进行测记。

① 启动电动机，合上离合器，开始剪切。试样每产生 0.3%～0.4% 的轴向应变(或 0.2mm 变形值)，测记一次测力计读数和轴向变形值。当轴向应变大于 3% 时，试样每产生 0.7%～0.8% 的轴向应变(或 0.5mm 变形值)，测记一次。

② 当测力计读数出现峰值时，剪切应继续进行到轴向应变为 15%～20%。

(4) 试验结束，关电动机，关各阀门，脱开离合器，将离合器调至粗位，转动粗调手轮，将压力室降下，打开排气孔，排除压力室内的水，拆卸压力室罩，拆除试样，描述试样破坏形状，称试样质量，并测定试样含水率。

8) 试验结果整理

(1) 试样固结后的高度，应按式(10-2)、式(10-3)计算：

按实测固结下沉计算试样的固结后高度为

$$h_c = h_0 - \Delta h_c \qquad (10\text{-}2)$$

按等应变简化式计算试样的固结后高度为

$$h_c = h_0 \left(1 - \frac{\Delta V}{V_0}\right)^{\frac{1}{3}} \qquad (10\text{-}3)$$

式中 h_c ——试样固结后的高度，cm；

  ΔV ——试样固结后与固结前的体积变化，cm^3。

(2) 试样固结后的面积，应按式(10-4)、式(10-5)计算：

按实测固结下沉计算试样的固结后面积为

$$A_c = \frac{V_0 - \Delta V}{h_c} \qquad (10\text{-}4)$$

按等应变简化式计算试样的固结后面积为

$$A_c = A_0 \left(1 - \frac{\Delta V}{V_0}\right)^{\frac{2}{3}} \qquad (10\text{-}5)$$

式中 A_c ——试样固结后的断面积，cm^2。

(3) 试样面积的校正： $A_a = \dfrac{A_0}{1 - \varepsilon_1}$ ，其中 $\varepsilon_1 = \dfrac{\Delta h}{h_0}$ 。

(4) 主应力差： $\sigma_1 - \sigma_3 = \dfrac{CR}{A_a} \times 10$

式中 σ_1 ——大主应力，kPa；

  σ_3 ——小主应力，kPa；

  C ——测力计校正系数，N/0.01mm；

  R ——测力计读数，0.01mm。

(5) 有效主应力比应按式(10-6)计算：

有效大主应力为

$$\sigma_1' = \sigma_1 - u$$

有效小主应力为

$$\sigma_3' = \sigma_3 - u$$

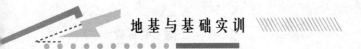

有效主应力比为

$$\frac{\sigma_1'}{\sigma_3'} = 1 + \frac{\sigma_1' - \sigma_3'}{\sigma_3'} \tag{10-6}$$

式中　σ_1'——有效大主应力，kPa；

　　　σ_3'——有效小主应力，kPa；

　　　u——孔隙水压力，kPa。

(6) 孔隙水压力系数按式(10-7)、式(10-8)计算：

初始孔隙水压力系数为

$$B = \frac{u_0}{\sigma_3} \tag{10-7}$$

破坏时孔隙水压力系数为

$$A_f = \frac{u_f}{B(\sigma_1 - \sigma_3)_f} \tag{10-8}$$

式中　B——初始孔隙水压力系数；

　　　u_0——施加周围压力产生的孔隙水压力，kPa；

　　　A_f——破坏时的孔隙水压力系数；

　　　u_f——试样破坏时，主应力差产生的孔隙水压力，kPa。

(7) 主应力差与轴向应变关系曲线，应按图 10.5 式样绘制。

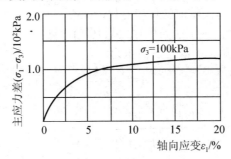

图 10.5　主应力差与轴向应变的关系曲线

(8) 以有效应力比为纵坐标，轴向应变为横坐标，绘制有效应力比与轴向应变曲线(图 10.6)。

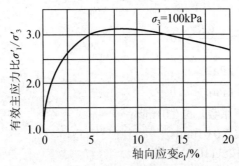

图 10.6　有效主应力比与轴向应变的关系曲线

以孔隙水压力为纵坐标，轴向应变为横坐标，绘制孔隙水压力与轴向应变关系曲线(图 10.7)。

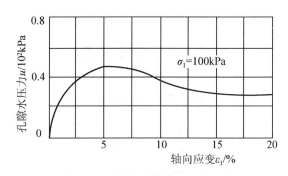

图 10.7　孔隙水压力与轴向应变的关系曲线

(9) 以 $\dfrac{\sigma'_1-\sigma'_3}{2}$ 为纵坐标，$\dfrac{\sigma'_1+\sigma'_3}{2}$ 为横坐标，绘制有效应力路径曲线(图 10.8)，并计算有效内摩擦角和有效粘聚力。

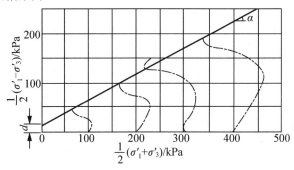

图 10.8　有效应力路径曲线

有效内摩擦角：$\varphi'=\sin^{-1}\tan\alpha$

有效粘聚力：$c'=\dfrac{d}{\cos\varphi'}$

式中　φ'——有效内摩擦角，(°)；

$\quad\;\;a$——应力路径图上破坏点连线的倾角，(°)；

$\quad\;\;c'$——有效粘聚力，kPa；

$\quad\;\;d$——应力路径上破坏点连线在纵轴上的截距，kPa。

(10) 计算有效内摩擦角和有效粘聚力，应以 $\dfrac{\sigma'_{1f}+\sigma'_{3f}}{2}$ 为圆心，以 $\dfrac{\sigma'_{1f}+\sigma'_{3f}}{2}$ 为半径绘制有效破损应力圆确定(图 10.9)。

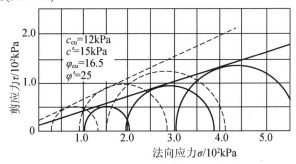

图 10.9　固结不排水剪强度包线

10.2 试验报告

固结不排水剪三轴试验报告

试验日期：_____年___月 第_____周 星期_____第_____节课
地点：_____ 小组分工：_____ 交报告日期：_____

表 10-1 固结不排水剪三轴试验记录

工程编号_____试 验 者_____
试样编号_____计 算 者_____
试验日期_____校 核 者_____

1. 含水率

名称	试验前		试验后	
盒号				
湿土质量/g				
干土质量/g				
含水率/%				
平均含水率/%				

2. 反压力饱和

周围压力/kPa	反压力/kpa	孔隙水压力/kPa	孔隙压力增量/kPa

3. 密度

试样高度/cm		
试样体积/cm^3		
试样质量/g		

密度/(g/cm³)		
试样草图		
试样破坏描述		
备注		

4. 固结排水

周围压力_____kPa；反压力_____kPa；孔隙水压力_____kPa

经过时间/(h min s)	孔隙水压力/kPa	量管读数/mL	排水量/mL

5. 不排水剪切

钢环系数_____N/0.01mm；剪切速率_____mm/min；周围压力_____kPa

反压力_____kPa；　　初始孔隙压力_____kPa；温度_____℃

轴向变形/0.01mm	轴向应变ε/%	校正面积$\dfrac{A_0}{1-\varepsilon}$/cm²	钢环读数/0.01mm	$\sigma_1-\sigma_3$/kPa	孔隙压力/kPa	σ_1'/kPa	σ_3'/kPa	$\dfrac{\sigma_1'}{\sigma_3'}$	$\dfrac{\sigma_1'-\sigma_3'}{2}$	$\dfrac{\sigma_1'+\sigma_3'}{2}$

任务 11

无侧限抗压强度试验

11.1 无侧限抗压强度试验概述

无侧限抗压强度试验实际是三轴剪切试验的特殊情况，又称单剪试验。试验时的受力情况如图 11.1(a)所示，土样侧向压力为零($\sigma_3 = 0$)，仅在轴向施加压力，在土样破坏时的 σ_{1f} 即为土样的无侧限抗压强度 q_u。利用无侧限抗压强度试验可以测定饱和软粘土的不排水抗剪强度。由于周围压力不能变化，因而根据试验结果只能作一个极限应力圆，难以得到破坏包线，如图 11.1(b)所示。据饱和粘性土的三轴不固结、不排水试验结果表明，其破坏包线为一水平线，即 $\varphi_u = 0$。这样，如果仅为了测定饱和粘性土的不排水抗剪强度，就可用构造比较简单的无侧限压力仪代替三轴仪，由无侧限抗压强度试验所得的极限应力圆的水平切线就是破坏包线，可得式(11-1)：

$$\tau_f = c_u = q_u/2 \tag{11-1}$$

式中　τ_f——土的不排水抗剪强度，kPa；

　　　c_u——土的不排水凝聚力，kPa；

　　　q_u——无侧限抗压强度，kPa。

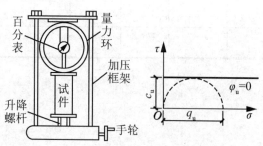

图 11.1　无侧限抗压强度试验

1. 试验目的

本试验用于测定粘性土,特别是饱和粘性土的抗压强度试验及灵敏度。它的设备简单,操作简便,在工程上应用很广。

2. 试验方法

无侧限抗压强度试验是三轴试验的一个特例,即将土样置于不受侧向限制的条件下进行的压力试验,此时土样所受的小主应力 $\sigma_3=0$,而大主应力 σ_1 之极限值即为无侧限抗压强度。本试验方法适用于饱和粘土。

3. 试验仪器设备

(1) 应变控制式无侧限压缩仪:由测力计、加压框架、升降设备组成。

(2) 轴向位移计:量程 10mm,分度值 0.01mm 的百分表或准确度为全量程 0.2%的位移传感器。

(3) 天平:称量 500g,量小分度值 0.1g。

(4) 原状土试样直径宜为 35～50mm,高度与直径之比宜采用 2.0～2.5。

(5) 切土盘(图 11.2)。

(6) 重塑筒:筒身可拆为两半,内径为 40mm,高 100mm(图 11.3)。

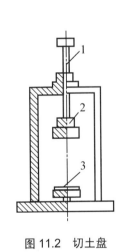

图 11.2　切土盘

1—转轴;2—上盘;3—下盘

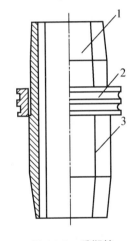

图 11.3　重塑筒

1—重塑筒筒身,可以拆成两半;2—钢箍;3—接缝

4. 试验步骤

(1) 将试样两端抹一薄层凡士林,在气候干燥时,试样周围亦需抹一薄层凡士林,防止水分蒸发。

(2) 将试样放在底座上,转动手轮,使底座缓慢上升,试样与加压板刚好接触,将测力计读数调整为零。根据试样的软硬程度选用不同量程的测力计。

(3) 轴向应变速度宜为每分钟应变 1%～3%。转动手柄,使升降设备上升进行试验,轴向应变小于3%时,每隔 0.5%应变(或 0.4mm)读数一次轴向应变,等于大于3%时,每隔 1%应变(或 0.8mm)读数一次。试验宜在 8～10min 内完成。

(4) 当测力计读数出现峰值时,继续进行3%～5%的应变后停止试验;当读数无峰值时,

试验应进行到应变达 20%为止。

(5) 试验结束，取下试样，描述试样破坏后的形状。

特 别 提 示

当需要测定灵敏度时，应立即将破坏后的试样除去涂有凡士林的表面。加少许余土，包于塑料薄膜内用手搓捏，破坏其结构，重塑成圆柱形，放入重塑筒内，用金属垫板将试样挤成与原状试样尺寸、密度相等的试样，并按上述(1)～(5)步的步骤进行试验。

(6) 计算轴向应变：

$$\varepsilon_1 = \frac{\Delta h}{h_0} \tag{11-2}$$

$$\Delta h = n\Delta L - R \tag{11-3}$$

式中 ε_1——轴向应变，%；

h_0——试件起始高度，cm；

Δh——轴向变形，cm；

n——手轮转数；

ΔL——手轮每转一圈，下加压板上升高度，cm；

R——百分表读数，cm。

(7) 试样面积的校正：

$$A_a = \frac{A_0}{1-\varepsilon_1} \tag{11-4}$$

式中 A_a——校正后试件断面积，cm²；

A_0——试件起始面积，cm²。

(8) 计算试样所受的轴向应力：

$$\sigma = \frac{C \cdot R}{A_a} \times 10 \tag{11-5}$$

式中 σ——轴向压力，kPa；

C——测力计校正系数，N/0.01mm；

R——百分表读数，0.01mm。

(9) 以轴向应力为纵坐标，轴向应变为横坐标，绘制轴向应力与轴向应变关系曲线(图 11.4)。取曲线上最大轴向应力作为无侧限抗压强度，当曲线上峰值不明显时，取轴向应变 15%所对应的轴向应力作为无侧限抗压强度。

(10) 计算灵敏度：

$$S_t = \frac{q_u}{q_u'} \tag{11-6}$$

式中 S_t——灵敏度；

q_u——原状试样的无侧限抗压强度，kPa；

q_u'——重塑试样的无侧限抗压强度，kPa。

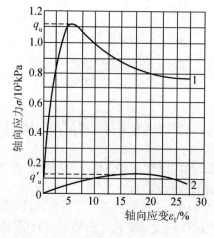

图 11.4 轴向应力与轴向应变的关系曲线

1—原状试样；2—重塑试样

11.2 试 验 报 告

无侧限抗压强度试验报告

试验日期：_____年___月 第_____周 星期_____第_____节课

地点：_____ 小组分工：_____ 交报告日期：_____

表 11-1 无侧限抗压强度试验记录

工程编号_____ 试 验 者_____

试样编号_____ 计 算 者_____

试验日期_____ 校 核 者_____

试样初始高度 $h_0 =$　　　　cm；量力环率定系数 $C=$　　　　N/0.01mm

试样直径 $D=$　　　　　　cm；原状试样无侧限抗压强度 $q_u =$　　　　kPa

试样面积 $A_0 =$　　　　　cm²；重塑试样无侧限抗压强度 $q'_u =$　　　　kPa

试样质量 $m=$　　　　　g；灵敏度 $S_t =$　　　　；试样密度 $\rho=$　　　　g/cm³

轴向变形/mm	量力环读数/0.01mm	轴向应变/%	校正面积/cm²	轴向应力/kPa	试样破坏描述
(1)	(2)	$(3)=\dfrac{(1)}{h_0}\times100$	$(4)=\dfrac{A_0}{1-(3)}$	$(5)=\dfrac{(2)\cdot C}{(4)}\times10$	

任务 12

十字板剪切试验

12.1 十字板剪切试验概述

前面所介绍的几种试验方法都是室内测定土的抗剪强度的方法，这些试验方法都要求事先取得原状土样，但由于试样在采取、运送、保存和制备等过程中不可避免地受到扰动，土的含水量也难以保持天然状态，特别是对于高灵敏度的粘性土。因此，室内试验结果对土的实际情况的反映就会受到不同程度的影响。而原位测试时的排水条件、受力状态与土所处的天然状态比较接近。在抗剪强度的原位测试方法中，国内广泛应用的是十字板剪切试验，这种试验方法适合于在现场测定饱和粘性土的原位不排水抗剪强度，特别适用于均匀饱和软粘土。

1. 试验目的

十字板剪切试验可用于原位测定饱和软粘土的不排水抗剪强度和估算软粘土的灵敏度。

2. 试验方法

十字板剪切试验是将插入软土中的十字板头，以一定的速率旋转，在土层中形成圆柱形的破坏面，测出土的抵抗力矩，从而换算成土的抗剪强度。

试验深度一般不超过 30m。为测定软粘土不排水抗剪强度随深度的变化，十字板剪切试验的布置，对均质土试验点竖向间距可取 1m，对非均质或夹薄层粉细砂的软粘性土，宜先作静力触探，结合土层变化，选择软粘土进行试验。

3. 试验仪器设备(图 12.1)

(1) 测力装置：开口钢环式测力装置。

(2) 十字板头：国内外多采用矩形十字板头，径高比为 1∶2 的标准型，板厚宜为 2～3mm。常用的规格有 50mm×100mm 和 75mm×150mm 两种。前者适用于稍硬粘性土。

(3) 轴杆：一般使用的轴杆直径为 20mm。

(4) 设备：设备主要有钻机、秒表及百分表等。

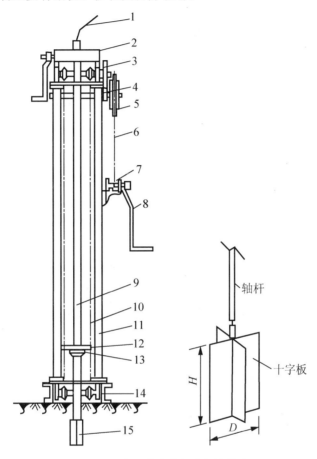

图 12.1   电测式十字板剪切仪构造

1—电缆；2—施加扭力装置；3—大齿轮；4—小齿轮；5—大链条；6—链条；7—小链条；
8—摇把；9—探杆；10—链条；11—支架立杆；12—山形板；13—垫压板；14—槽钢；15—十字板头

特 别 提 示

电测式十字板是用传感器将土抗剪破坏时力矩大小转变成电信号，并用仪器量测出来，常用的为轻便式十字板、静力触探两用，不用钻孔设备。试验时直接将十字板头以静力压入土层中，测试完后，再将十字板压入下一层上继续试验，实现连续贯入，可比机械式十字板测试效率提高 5 倍以上。

4. 试验步骤

(1) 在试验地点，用回转钻机开孔(不宜用击入法)，下套管至预定试验深度以上 3～5 倍套管直径处。

(2) 用螺旋钻或提土器清孔，在钻孔内虚土不宜超过 15cm。在软土钻进时，应在孔中保持足够水位，以防止软土在孔底涌起。

(3) 将板头、轴杆、钻杆逐节接好，并用牙钳上紧，然后下入孔内至板头与孔底接触。

(4) 接上导杆，将底座穿过导杆固定在套管上，将制紧螺栓拧紧。将板头徐徐压至试验深度，管钻不小于75cm，螺旋钻不小于50cm。

● 特 别 提 示

若板头压至试验深度遇到较硬夹层时，应穿过夹层再进行试验。

(5) 套上传动部件，用转动摇手柄使特制键自由落入键槽，将指针对准任一整数刻，装上百分表并调整到零。

(6) 试验开始，开动秒表，同时转动手柄，以10s一度的转速转动，每转一度测记百分表读数一次，当测记读数出现峰值或读数稳定后，再继续测记1min，其峰值或稳定读数即为原状土剪切破坏时百分表最大读数(0.01mm)。

● 特 别 提 示

最大读数一般在3～10min内出现。

(7) 逆时针方向转动摇手柄，拔下特制键，导杆装上摇把，顺时针方向转动6圈，使板头周围土完全扰动，然后插上特制键，按步骤(6)进行试验，测记重塑土剪切破坏时百分表最大读数(0.01mm)。

(8) 拔下特制键和支爪，上提导杆2～3cm，使离合齿脱离，再插上支爪和特制键，转动手柄，测记土对轴杆摩擦时百分表稳定读数 (0.01mm)。

(9) 试验完毕，卸下传动部件和底座，在导杆吊孔内插入吊钩，逐节取出钻杆和板头，清洗板头并检查板头螺丝是否松动，轴杆是否弯曲，若一切正常，便可按上述步骤继续进行试验。

● 知 识 链 接

试验注意事项如下：

① 钻孔要求平直，不弯曲，应配用ϕ33mm和ϕ42mm专用十字板试验探杆。

② 钻孔要求垂直。

③ 钢环最大允许力矩为80kN·m。

④ 钢环半年率定一次或每项工程进行前率定。率定时应逐级加荷和卸荷，测记相应的钢环变形，至少重复3次，取3次量表读数的平均值(差值不超过0.005mm)。

⑤ 十字板板头形状宜为矩形，径高比1：2，板厚宜为2～3mm。

⑥ 十字板头插入钻孔底的深度不应小于钻孔或套管直径的3～5倍。

⑦ 十字板插入至试验深度后，至少应静止2～3min，方可开始试验。

⑧ 扭转剪切速率宜采用1～2度/10s，并应在测得峰值强度后继续测记1min。

⑨ 在峰值强度或稳定值测试完后，顺扭转方向连续转动6圈后，测定重塑土的不排水抗剪强度。

⑩ 对开口钢环十字板剪切仪，应修正轴杆与土间的摩阻力的影响。

12.2　试验报告

十字板剪切试验报告

试验日期：_____年___月　第_____周　星期_____第_____节课

地点：_____　　小组分工：_____　　交报告日期：_____

表 12-1　十字板剪切试验记录

工程编号_____　试 验 者_____

试验地点_____　计 算 者_____

试验孔号_____　校 核 者_____

试验日期_____

原状土		重塑土	
试验深度 h/m	抗剪强度 C_u/kPa	试验深度 h/m	抗剪强度 C'_u/kPa

任务 13

现场载荷试验

13.1 现场载荷试验概述

载荷试验主要有浅层平板载荷试验和深层平板载荷试验。浅层平板载荷试验的承压板面积不应小于 $0.25m^2$，对于软土不应小于 $0.5m^2$，可测定浅部地基土层在承压板下应力主要影响范围内的承载力。深层载荷试验的承压板一般采用直径为 0.8m 的刚性板，紧靠承压板周围外侧的土层高度应不少于 80cm，可测定深部地基土层在承压板下应力主要影响范围内的承载力。

1. 试验目的

载荷试验是在原位条件下，向真型或缩尺模型基础加荷以测定地基土的地基承载力。

2. 试验方法

本试验采用浅层平板载荷试验。

3. 试验仪器设备(图 13.1)

(1) 承压板(实验室由于加荷条件有限，采用直径为 30cm 的圆板)。

(2) 手动或液压千斤顶、拉压测力计、应变仪、百分表或位移传感器、反力架、表架、天平、环刀、烘箱、试验槽、土样等。

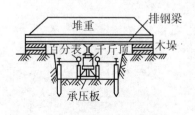

(a) 堆重-千斤顶

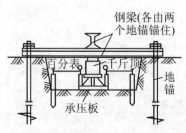

(b) 地锚-千斤顶

图 13.1 浅层平板载荷试验载荷架

4. 试验步骤

(1) 充分了解试验现场情况，并对仪器设备进行标定。

(2) 设备安装：参照图 13.1，按自下而上的顺序进行(试验点地基应尽量平整，若不平，一般可以铺 1～2cm 左右的中粗砂)。

(3) 加荷：有慢速法、快速法和等沉降速率法 3 种加荷方式，本试验采用快速法。

● 特 别 提 示 ....

加荷等级：荷载应逐级增加，加荷等级不应少于八级，第一级荷载(包括设备重)宜接近开挖试坑所卸除的土重，与其相应的沉降量不计，最大加载量不应小于设计要求的两倍。当不易预估时，可参考表 13-1 选用。

表 13-1   荷载增量参考表

试验土层特征	每级荷载增量/kPa
软塑粘土；稍密砂土	15～25
可塑～硬塑粘性土、粉土；中密砂土	25～50
坚硬粘性土、粉土；密实砂土	50～100

(4) 沉降稳定标准：每级加载后，按间隔 10min、10min、10min、15min、15min，以后为每隔 30min 测读一次沉降量，当在连续 2h 内，每小时的沉降量小于 0.1mm 时，则认为已趋稳定，可加下一级荷载。由于学生试验时间有限，每一级加荷以固定时间为准。

(5) 试验终止条件：一般以地基破坏为试验终止条件，具体可按如下现象进行判断。

① 承压板周围的土明显地侧向挤出(砂土)或发生裂纹(粘性土和粉土)。

② 沉降(s)急骤增大，荷载-沉降($p-s$)曲线出现陡降段。

③ 在某一级荷载下，24h 内沉降速率不能达到稳定标准。

④ 沉降量与承压板宽度或直径之比大于或等于 0.06。

⑤ 绘制 $p-s$ 曲线图：根据荷载试验沉降观测原始记录，绘制 $p-s$ 曲线图，如图 13.2 所示。

(6) 成果整理。

确定地基土的承载力特征值 f_{ak} 的方法如下。

① 拐点法：如果 $p-s$ 曲线图上拐点明显，直接确定该拐点为比例界限压力，并取该比例界限压力为地基土的承载力特征值，如图 13.3(a)所示，$f_{ak}=p_1$。

② 极限荷载法：先确定极限荷载 p_u(当满足试验终止条件中的任一条时，则对应的前一级荷载即可判定为极限压力)，当极限压力小于对应的比例界限压力的 2 倍时，取极限压力的一半为地基承载力特征值，如图 13.3(a)所示，$f_{ak}=\dfrac{p_u}{2}$。

③ 相对沉降法：若 $p-s$ 曲线没有明显拐点，可取对应某一沉降量值(即 s/b，b 为承压

板直径或边长)的压力为地基承载力的特征值,一般 s/b 取 0.01~0.015,如图 13.3(b)所示,$f_{ak}=p_1$。

④ 同一土层参加统计的试验点不应少于三点,当试验实测值的极差不超过其平均值的 30%时,取其平均值作为该土层的地基承载力特征值 f_{ak}。

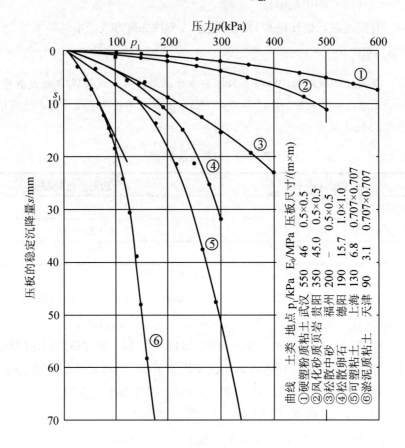

图 13.2　不同土的 $p-s$ 曲线

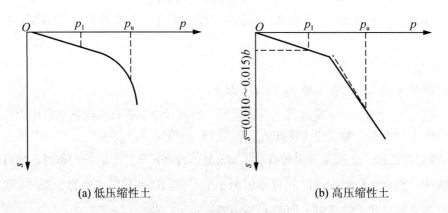

图 13.3　按载荷试验成果确定地基承载力特征值

13.2　试　验　报　告

现场载荷试验报告

试验日期：_____年___月　第_____周　星期_____　第_____节课

地点：_____　小组分工：_____　交报告日期：_____

表 13-2　现场载荷试验记录

工程编号_____　试　验　者_____

试验地点_____　计　算　者_____

试验桩号_____　校　核　者_____

试验日期_____

编号	桩号	最大试验荷载		极限承载力		承载力特征值		残余沉降/mm
		kPa	沉降/mm	≥kPa	沉降/mm	kPa	沉降/mm	

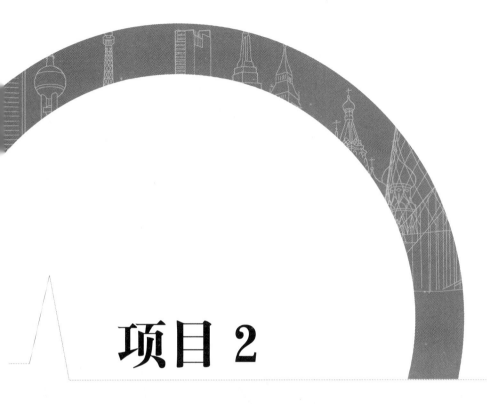

项目 2

综 合 实 训

✸ 实训目标

　　了解天然地基上浅基础设计、挡土墙设计及工程地质勘察报告阅读的一般步骤，掌握无筋扩展基础、墙下钢筋混凝土条形基础、柱下钢筋混凝土独立基础及挡土墙的设计内容，并能绘制其设计图样；掌握地基处理、地基验槽的内容；进一步巩固基础施工图的阅读。

✸ 实训要求

能力目标	知识要点	相关知识	权重
掌握天然地基上浅基础设计	基础底面积确定、基础高度确定、基础底板配筋	基础类型、基础构造、地基承载力、基础埋置深度	0.4
掌握挡土墙设计	主动土压力、被动土压力、挡土墙宽度和高度的确定	挡土墙类型、挡土墙构造、土压力、地基承载力	0.3
掌握工程地质勘察报告的阅读、地基验槽、地基处理方法	勘察报告阅读、地基处理、地基验槽的方法	勘察报告、观察验槽、钎探、换土垫层、软弱下卧层	0.2
巩固基础施工图的阅读	基础平面图内容、基础断面图内容	尺寸标注、基础宽度、基础断面尺寸、基础材料图例、基础配筋	0.1

任务14

天然地基上浅基础设计实训

对浅基础设计，一般按下列步骤进行。

(1) 在研究地基勘察资料的基础上，结合上部结构的类型，荷载的性质、大小和分布，建筑物的平面布置及使用要求，以及拟建工程的基础对原有建筑或设施的影响，初步选择基础的材料、结构形式及平面布置方案。

(2) 确定基础的埋置深度 d。

(3) 确定地基的承载力特征值 f_{ak} 及修正值 f_a。

(4) 确定基础底面尺寸，必要时进行软弱下卧层强度验算。

(5) 对设计等级为甲级、乙级的建筑物以及不符合表 14-1 的丙级建筑物，还应进行地基变形验算。

(6) 对经常承受水平荷载的高层建筑和高耸结构，以及建于斜坡上的建筑物和构筑物，应进行地基稳定性验算。

(7) 确定基础的剖面尺寸，进行基础结构的内力计算，以保证基础具有足够的强度、刚度和耐久性。

(8) 绘制基础施工图。

表 14-1　可不作地基变形验算的设计等级为丙级的建筑物范围

地基主要受力层情况	地基承载力特征值 f_{ak}/kPa			$80 \leqslant f_{ak}$ <100	$100 \leqslant f_{ak}$ <130	$130 \leqslant f_{ak}$ <160	$160 \leqslant f_{ak}$ <200	$200 \leqslant f_{ak}$ <300
	各土层坡度/%			≤5	≤10	≤10	≤10	≤10
建筑类型	砌体承重结构、框架结构/层数			≤5	≤5	≤6	≤6	≤7
	单层排架结构(6m柱距)	单跨	吊车额定起重量/t	10~15	15~20	20~30	30~50	50~100
			厂房跨度/m	≤18	≤24	≤30	≤30	≤30
		多跨	吊车额定起重量/t	5~10	10~15	15~20	20~30	30~75
			厂房跨度/m	≤18	≤24	≤30	≤30	≤30

续表

地基主要受力层情况	地基承载力特征值 f_{ak}/kPa		$80 \leqslant f_{ak}$ <100	$100 \leqslant f_{ak}$ <130	$130 \leqslant f_{ak}$ <160	$160 \leqslant f_{ak}$ <200	$200 \leqslant f_{ak}$ <300
	各土层坡度/%		≤5	≤10	≤10	≤10	≤10
建筑类型	烟囱	高度/m	≤40	≤50	≤75		≤100
	水塔	高度/m	≤20	≤30	≤30		≤30
		容积/m³	50～100	100～200	200～300	300～500	500～1 000

14.1 无筋扩展基础设计实训

14.1.1 实训任务书

1. 实训目的和要求

1) 实训目的

(1) 加深对浅基础设计的理解和运用，掌握无筋扩展基础的设计思路和表达的内容。

(2) 通过课程设计的实际训练，使学生能够按照地基基础设计规范的要求进行无筋扩展基础设计，并能熟练地确定基础底面尺寸和断面尺寸，使学生能将理论知识运用到实际计算中去。

(3) 掌握浅基础设计的步骤，通过课程设计理解无筋扩展基础的计算程序。

(4) 通过课程设计的实际训练，使学生进一步掌握无筋扩展基础平面图和断面图表达的内容，进一步巩固对基础施工图内容的理解等。

2) 实训具体要求

(1) 要求完成该工程建筑物基础部分设计，并编制工程量计算书。主要内容包括：选择基础材料和构造形式、确定基础埋置深度、确定基础承载力特征值、确定基础底面尺寸、确定基础剖面尺寸、绘制基础剖面图。

(2) 课程实训期间，必须发扬实事求是的科学精神，进行深入分析研究和计算，按照指导要求进行编制，严禁捏造、抄袭等坏的作风，力争使自己的实训达到先进水平。

(3) 课程实训应独立完成，遇到有争议的问题可以相互讨论，但不准抄袭他人。否则，一经发现，相关责任者的课程实训成绩以零分计。

2. 实训内容

1) 工程资料

(1) 某教学楼采用条形基础，教学楼建筑平面图如图 14.1 所示。

(2) 工程地质条件如图 14.2 所示。

(3) 室外设计地面标高为 -0.600m，室外设计地面标高同天然地面标高。

(4) 由上部结构传至基础顶面相应于荷载效应标准组合时的竖向力值分别为外纵墙 $F_{1K}=180$kN/m，山墙 $F_{2K}=160$kN/m，内横墙 $F_{3K}=162$kN/m，内纵墙 $F_{4K}=210$kN/m。

(5) 标准冻深为 1.2m。

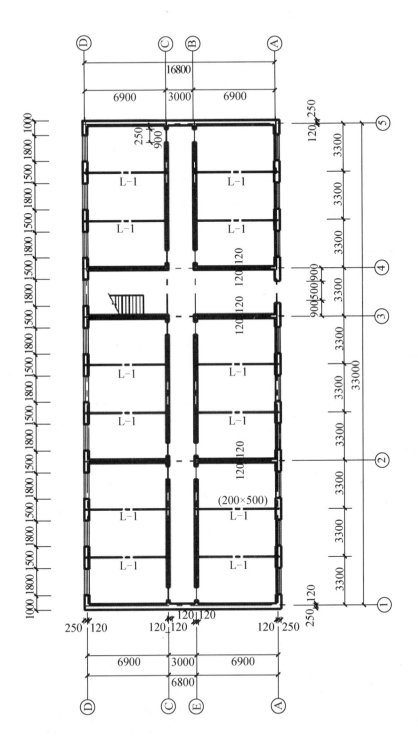

图 14.1　某教学楼建筑平面图

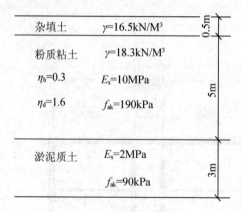

图 14.2　工程地质剖面图

2) 编制内容

(1) 荷载计算(包括选计算单元、确定其宽度)。

(2) 确定基础埋置深度。

(3) 确定地基承载力特征值。

(4) 确定基础的宽度和剖面尺寸。

(5) 软弱下卧层强度验算。

(6) 绘制施工图(平面图、详图)。

3) 实训成果及要求

(1) 计算书。要求：书写工整、数字准确、图文并茂。

(2) 2 号图纸一张。制图要求：所有图线、图例尺寸和标注方法均应符合新的制图标准，图纸上所有汉字和数字均应书写端正、排列整齐、笔画清晰，中文书写为仿宋字。

14.1.2　实训指导书

无筋扩展基础设计主要包括确定基础底面尺寸、基础剖面尺寸及构造要求。

(1) 选择基础材料和构造形式。

(2) 确定基础的埋置深度 d，根据经验确定：

$$d_{min} = Z_0 + (100 \sim 200) mm。$$

式中　Z_0——标准冻深，mm。

(3) 确定地基的承载力特征值 f_{ak} 及修正值 f_a：

$$f_a = f_{ak} + \eta_b \gamma (b - 3) + \eta_d \gamma_m (d - 0.5) \tag{14-1}$$

式中　f_a——修正后的地基承载力特征值，kPa；

　　　f_{ak}——地基承载力特征值(已知)，kPa；

η_b、η_d——基础宽度和埋深的地基承载力修正系数(已知)；

　　　γ——基础底面以下土的重度，地下水位以下取有效重度，kN/m³；

　　　γ_m——基础底面以上土的加权平均重度，地下水位以下取有效重度，kN/m³；

　　　b——基础底面宽度，m，当小于 3m 时按 3m 取值，大于 6m 时按 6m 取值；

　　　d——基础埋置深度，m。

(4) 确定基础底面尺寸，必要时进行软弱下卧层强度验算。

① 确定条形基础宽度。

$$b \geqslant \frac{F_k}{f_a - \gamma_G \times \overline{h}} \qquad (14-2)$$

式中　F_k——相应于荷载效应标准组合时，上部结构传至基础顶面的竖向力值，kN，当为柱下独立基础时，轴向力算至基础顶面，当为墙下条形基础时，取 1m 长度内的轴向力(kN/m)算至室内地面标高处；

　　　γ_G——基础及基础上的土重的平均重度，取 $\gamma_G = 20 \text{kN/m}^3$；当有地下水时，取 $\gamma_G' = 20 - 9.8 = 10.2(\text{kN/m}^3)$；

　　　$\overline{h}$——计算基础自重及基础上的土自重 G_k 时的平均高度，m。

② 软弱下卧层强度验算。

如果在地基土持力层以下的压缩层范围内存在软弱下卧层，则需按式(14-3)验算下卧层顶面的地基强度，即

$$p_z + p_{cz} \leqslant f_{az} \qquad (14-3)$$

式中　p_z——相应于荷载效应标准组合时，软弱下卧层顶面处土的附加压力值，kPa；

　　　p_{cz}——软弱下卧层顶面处土的自重压力值，kPa；

　　　f_{az}——软弱下卧层顶面处经深度修正后的地基承载力特征值，kPa。

$$f_{az} = f_{ak} + \eta_d \gamma_m (d + z - 0.5)$$

对于条形基础中的 p_z 值可按式(14-4)简化计算：

$$p_z = \frac{b p_0}{b + 2z \tan\theta} = \frac{b(p_k - p_c)}{b + 2z \tan\theta} \qquad (14-4)$$

式中　b——条形基础底边的宽度，m；

　　　p_0——基底附加压力值，kPa；

　　　p_k——基础底面处的平均压力值，kPa；

　　　p_c——基础底面处土的自重压力值，kPa；

　　　z——基础底面至软弱下卧层顶面的距离，m；

　　　θ——基底压力扩散角，即压力扩散线与垂直线的夹角(°)(图 14.3 和表 14-2)。

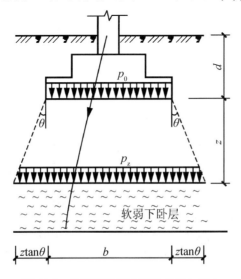

图 14.3　软弱下卧层顶面处的附加压力

表 14-2 地基压力扩散角 θ

E_{s1}/E_{s2}	z/b	
	0.25	0.50
3	6°	23°
5	10°	25°
10	20°	30°

特 别 提 示

① 表 2-2 中，E_{s1} 为上层土的压缩模量，E_{s2} 为下层土的压缩模量。

② 当 z/b <0.25 时，一般取 $\theta=0°$，必要时，由试验确定；当 z/b >0.5 时，θ 值不变。

(5) 对设计等级为甲级、乙级的建筑物以及不符合表 14-1 的丙级建筑物，还应进行地基变形验算。

(6) 确定基础剖面尺寸及构造要求。

确定基础剖面尺寸主要包括基础高度 H_0、总外伸宽度 b_2 以及每一台阶的宽度和高度。

① 计算基础底面处的平均压力 p_k，查表 14-3 确定台阶宽高比的允许值。

② 根据构造要求先选定基础台阶的高度 H_0，由 $H_0 \geqslant \dfrac{b_2}{\tan\alpha}$ 得出 $b_2 \leqslant H_0\tan\alpha$，同时要求 b_2 应满足相应材料基础的构造要求；或先选定基础台阶的宽度 b_2，由 $H_0 \geqslant \dfrac{b_2}{\tan\alpha}$ 得出 H_0，同时要求 H_0 应满足相应材料基础的构造要求。

表 14-3 刚性基础台阶宽高比的允许值

基础材料	质量要求	台阶宽高比的允许值		
		$p_k \leqslant 100$	$100 < p_k \leqslant 200$	$200 < p_k \leqslant 300$
混凝土基础	C15 混凝土	1：1.00	1：1.00	1：1.25
毛石混凝土基础	C15 混凝土	1：1.00	1：1.25	1：1.50
砖基础	砖不低于 MU10、砂浆不低于 M5	1：1.50	1：1.50	1：1.50
毛石基础	砂浆不低于 M5	1：1.25	1：1.50	—
灰土基础	体积比为 3：7 或 2：8 的灰土，其最小干密度：粉土 1.55t/m³，粉质粘土 1.50t/m³，粘土 1.45t/m³	1：1.25	1：1.50	—
三合土基础	体积比 1：2：4～1：3：6(石灰：砂：骨料)，每层约虚铺 220mm，夯至 150mm	1：1.50	1：2.00	—

特 别 提 示

① p_k 为荷载效应标准组合时基础底面处的平均压力值(kPa)。

② 阶梯形毛石基础的每阶伸出宽度，不宜大于 200mm。

③ 当基础由不同材料叠合组成时，应对接触部分作抗压验算。

④ 基础底面处的平均压力值超过 300kPa 的混凝土基础，尚应进行抗剪验算。

(7) 绘制基础施工图。

14.1.3 某工程无筋扩展基础设计实例

某建筑物底层内纵墙厚 370mm，上部结构传至基础顶面处相应于荷载效应标准组合时的竖向力值 $F_k=300$kN/m，已知基础埋深 $d=2.0$m(室内外高差 0.3m)，基础采用毛石基础，M5.0 砂浆砌筑，地基土为粘土，其重度为 17kN/m^3。经深度修正后的地基承载力特征值 $f_a=210$kN/m，试确定该毛石基础的宽度及剖面尺寸，并绘出基础剖面图形。

【实例分析】

(1) 确定宽度：

$$b \geqslant \frac{F_k}{f_a - \gamma_G d} = \frac{300}{210 - 20 \times 2} = 1.76(\text{m})，取 1.8m。$$

(2) 确定台阶宽高比允许值：

基底压力 $p_k = \frac{F_k + G_k}{A} = \frac{300 + 20 \times 1.8 \times 1 \times 2}{1.8 \times 1} = 206.7(\text{kPa}) \geqslant 200$kPa

因基底压力 $p_k \geqslant 200$kPa，不满足台阶宽高比允许值要求，故增大基底宽度，取 $b=2$m，则基底压力 $p_k = \frac{F_k + G_k}{A} = \frac{300 + 20 \times 2 \times 1 \times 2}{2 \times 1} = 190(\text{kPa}) \leqslant 200$kPa，满足台阶宽高比允许值要求。由表 2-3 查得毛石基础台阶宽高比允许值为 $1:1.5$。

(3) 毛石基础所需台阶数(要求每台阶宽≤200mm)：

$$n = \frac{b - b_0}{2} \times \frac{1}{200} = \frac{2\,000 - 370}{2} \times \frac{1}{200} = 4.1，取四步台阶。$$

(4) 确定基础剖面尺寸，并绘制基础剖面图，如图 14.4 所示。

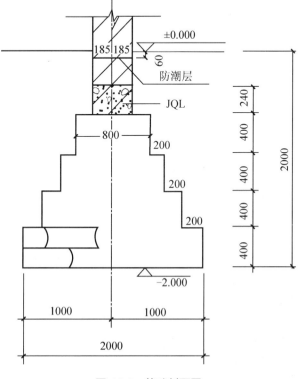

图 14.4　基础剖面图

 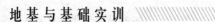
(5) 验算台阶宽高比:

$$\frac{b_2}{H_0}=\frac{(800-370)/2}{400}\leqslant\frac{1}{1.5}$$,满足要求。

每阶台阶宽高比 $\frac{b_2}{H_0}=\frac{200}{400}\leqslant\frac{1}{1.5}$,满足要求。

14.2　墙下钢筋混凝土条形基础设计实训

14.2.1　实训任务书

1. 实训目的和要求

1) 实训目的

(1) 加深对浅基础设计的理解和运用,掌握墙下钢筋混凝土条形基础的设计思路和表达的内容。

(2) 通过课程设计的实际训练,使学生能够按照地基基础设计规范的要求进行墙下钢筋混凝土条形基础设计,并能熟练地确定基础底面尺寸和断面尺寸,使学生能将理论知识运用到实际计算中去。

(3) 掌握浅基础设计的步骤,通过课程设计理解墙下钢筋混凝土条形基础的计算程序。

(4) 通过课程设计的实际训练,使学生进一步掌握墙下钢筋混凝土条形基础平面图和断面图表达的内容,进一步巩固对基础施工图内容的理解等。

2) 实训具体要求

(1) 要求完成该工程建筑物基础部分设计,并编制工程量计算书。主要内容包括:荷载计算、确定基础埋置深度、确定基础承载力特征值、确定基础底面尺寸、确定基础剖面尺寸、绘制基础剖面图。

(2) 课程实训期间,必须发扬实事求是的科学精神,进行深入分析研究和计算,按照指导要求进行编制,严禁捏造、抄袭等坏的作风,力争使自己的实训达到先进水平。

(3) 课程实训应独立完成,遇到有争议的问题可以相互讨论,但不准抄袭他人。否则,一经发现,相关责任者的课程实训成绩以零分计。

2. 实训内容

1) 工程资料

(1) 某教学楼采用条形基础,教学楼建筑平面图如图 14.1 所示。

(2) 工程地质条件如图 14.2 所示。

(3) 室外设计地面标高为 $-0.600m$,室外设计地面标高同天然地面标高。

(4) 由上部结构传至基础顶面相应于荷载效应标准组合时的竖向力值分别为外纵墙 $\sum F_{1k}=558.57kN$,山墙 $\sum F_{2k}=168.61kN$,内横墙 $\sum F_{3k}=162.68kN$,内纵墙 $\sum F_{4k}=1\,533.15kN$。

(5) 标准冻深为 1.2m。

2) 编制内容

(1) 荷载计算 (包括选计算单元、确定其宽度)。

(2) 确定基础埋置深度。

(3) 确定地基承载力特征值。

(4) 确定基础的宽度和剖面尺寸。

(5) 软弱下卧层强度验算。

(6) 绘制施工图(平面图、详图)。

3) 实训成果及要求

(1) 计算书。要求：书写工整、数字准确、图文并茂。

(2) 2 号图纸一张。制图要求：所有图线、图例尺寸和标注方法均应符合新的制图标准，图纸上所有汉字和数字均应书写端正、排列整齐、笔画清晰，中文书写为仿宋字。

14.2.2　实训指导书

墙下钢筋混凝土条形基础设计主要包括确定基础底面尺寸、基础剖面尺寸及构造要求。

1. 荷载计算

(1) 选定计算单元。对有门窗洞口的墙体，取洞口间墙体为计算单元；对无门窗洞口的墙体，则可取 1m 为计算单元(在计算书上应表示出来)。

(2) 荷载计算。计算每个计算单元上的竖向力值(已知竖向力值除以计算单元宽度)。

2. 确定基础的埋置深度 d。

根据经验确定 $d_{min} = Z_0 + (100 \sim 200)$mm。

式中　Z_0——标准冻深，mm。

3. 确定地基的承载力特征值 f_{ak} 及修正值 f_a

$$f_a = f_{ak} + \eta_b \gamma (b-3) + \eta_d \gamma_m (d-0.5) \tag{14-5}$$

式中　f_a——修正后的地基承载力特征值，kPa；

　　　f_{ak}——地基承载力特征值(已知)，kPa；

η_b、η_d——基础宽度和埋深的地基承载力修正系数(已知)；

　　　γ——基础底面以下土的重度，地下水位以下取有效重度，kN/m³；

　　　γ_m——基础底面以上土的加权平均重度，地下水位以下取有效重度，kN/m³；

　　　b——基础底面宽度，m，当小于 3m 时按 3m 取值，大于 6m 时按 6m 取值；

　　　d——基础埋置深度，m。

4. 确定基础底面尺寸

必要时要进行软弱下卧层强度验算。

1) 确定条形基础宽度

(1) 轴心荷载作用下条形基础宽度。

$$b \geqslant \frac{F_k}{f_a - \gamma_G \times \bar{h}} \tag{14-6}$$

式中　F_k——相应于荷载效应标准组合时，上部结构传至基础顶面的竖向力值，kN，当为柱下独立基础时，轴向力算至基础顶面，当为墙下条形基础时，取 1m 长度内的轴向力(kN/m)算至室内地面标高处；

　　　γ_G——基础及基础上的土重的平均重度，取 $\gamma = 20$kN/m³；当有地下水时，取 $\gamma' = 20 - 9.8 = 10.2$(kN/m³)；

　　　$\bar{h}$——计算基础自重及基础上的土自重 G_k 时的平均高度，m。

(2) 偏心荷载作用下条形基础宽度。

① 按轴心荷载作用，用式(14-7)初步计算基础底面宽度：

$$b_0 \geqslant \frac{F_k}{f_a - \gamma_G \times \bar{h}}$$ (14-7)

② 考虑偏心荷载的影响，根据偏心距的大小，将基础底面宽度扩大 10%～40%，即

$$b = (1.1 \sim 1.4)b_0$$

③ 确定基础宽度 b；

④ 进行承载力验算，要求：$p_{k\max} \leqslant 1.2f_a$，$\bar{p}_k \leqslant f_a$。

若地基承载力不能满足上述要求，需要重新调整基底尺寸，直到符合要求为止。

2) 软弱下卧层强度验算

如果在地基土持力层以下的压缩层范围内存在软弱下卧层，则需按下式验算下卧层顶面的地基强度，即

$$p_z + p_{cz} \leqslant f_{az}$$ (14-8)

式中 p_z——相应于荷载效应标准组合时，软弱下卧层顶面处土的附加压力值，kPa；

$\quad\quad p_{cz}$——软弱下卧层顶面处土的自重压力值，kPa；

$\quad\quad f_{az}$——软弱下卧层顶面处经深度修正后的地基承载力特征值，kPa。

$$f_{az} = f_{ak} + \eta_d \gamma_m (d + z - 0.5)$$

对于条形基础中的 p_z 值可按式(14-9)简化计算：

$$p_z = \frac{bp_0}{b + 2z\tan\theta} = \frac{b(p_k - p_c)}{b + 2z\tan\theta}$$ (14-9)

式中 b——条形基础底边的宽度，m；

$\quad\quad p_0$——基底附加压力值，kPa；

$\quad\quad p_k$——基础底面处的平均压力值，kPa；

$\quad\quad p_c$——基础底面处土的自重压力值，kPa；

$\quad\quad z$——基础底面至软弱下卧层顶面的距离，m；

$\quad\quad \theta$——基底压力扩散角，即压力扩散线与垂直线的夹角(°)(图 2.3 和表 2-2)。

5. 地基变形验算

对设计等级为甲级、乙级的建筑物以及不符合表 14-1 的丙级建筑物，还应进行地基变形验算。

6. 确定基础剖面尺寸及底板配筋

1) 轴心荷载作用

(1) 计算地基净反力 p_j。仅由基础顶面上的荷载 F 在基底所产生的地基反力(不包括基础自重和基础上方回填土重所产生的反力)，称为地基净反力。计算时，通常沿条形基础长度方向取 $l = 1$m 进行计算。基底处地基净反力为

$$p_j = \frac{F}{b}$$ (14-10)

式中 F——相应于荷载效应基本组合时作用在基础顶面上的荷载，kN/m；

$\quad\quad b$——基础宽度，m。

(2) 确定基础底板厚度 h。基础底板如同倒置的悬臂板，在地基净反力作用下，在基础底

板内将产生弯矩 M 和剪力 V，如图 14.5 所示，在基础任意截面 I — I 处的弯矩 M 和剪力 V 为

$$M = \frac{1}{2}p_j a_1^2$$

$$V = p_j a_1$$

基础内最大弯矩 M 和剪力 V 实际发生在悬臂板的根部。

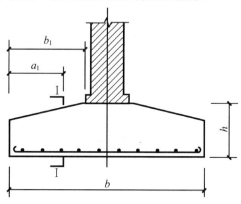

图 14.5　墙下条形基础计算示意

当墙体材料为混凝土时，取 $a_1 = b_1$，当墙体材料为砖墙且大放脚伸出 1/4 砖长时，取 $a_1 = b_1 + \frac{1}{4}$ 砖长。

对于基础底板厚度 h 的确定，一般根据经验采用试算法，即一般取 $h \geqslant b/8$(b 为基础宽度)，然后进行抗剪强度验算，要求满足式(14-11)

$$V \leqslant 0.7\beta_{hs}f_t b h_0 \tag{14-11}$$

式中　b——通常沿基础长边方向取 1m；

f_t——混凝土轴心抗拉强度设计值，N/mm²；

β_{hs}——受剪承载力截面高度影响系数，$\beta_{hs} = (\frac{800}{h_0})^{\frac{1}{4}}$，当 $h_0 < 800$mm 时，取 800mm，

当 $h_0 > 2\,000$mm 时，取 2 000mm；

h_0——基础底板有效高度：当设垫层时，$h_0 = h - 40 - \frac{\phi}{2}$($\phi$ 为受力钢筋直径，单位为 mm)；

当无垫层时，$h_0 = h - 70 - \frac{\phi}{2}$。

(3) 计算基础底板配筋。基础底板配筋一般可近似按式(14-12)计算，即

$$A_s = \frac{M}{0.9f_y h_0} \tag{14-12}$$

式中　A_s——条形基础底板每米长度受力钢筋截面面积，mm²/m；

f_y——钢筋抗拉强度设计值，N/mm²。

2) 偏心荷载作用

基础在偏心荷载作用下，基底净反力一般呈梯形分布，如图 14.6 所示。

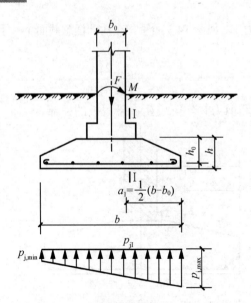

图 14.6 墙下条形基础受偏心荷载作用

(1) 计算基底净反力的偏心距：

$$e_0 = \frac{M}{F} \tag{14-13}$$

(2) 计算基底边缘处的最大和最小净反力。

当偏心距 $e_0 \leqslant \dfrac{b}{6}$ 时，基底边缘处的最大和最小净反力按式(14-14)和式(14-15)计算：

$$p_{j,max} = \frac{F}{b}\left(1 + \frac{6e_0}{b}\right) \tag{14-14}$$

$$p_{j,min} = \frac{F}{b}\left(1 - \frac{6e_0}{b}\right) \tag{14-15}$$

(3) 计算悬臂支座处，即截面 Ⅰ—Ⅰ 处的地基净反力、弯矩 M 和剪力 V：

$$p_{j,1} = p_{j,min} + \frac{b - a_1}{b}(p_{j,max} - p_{j,min}) \tag{14-16}$$

$$M = \frac{1}{4}(p_{j,max} + p_{j,1})a_1^2 \tag{14-17}$$

$$V = \frac{1}{2}(p_{j,max} + p_{j,1})a_1 \tag{14-18}$$

(4) 受剪承载力验算，要求满足式(14-19)：

$$V \leqslant 0.7\beta_{hs}f_t b h_0 \tag{14-19}$$

(5) 计算基础底板配筋。基础底板配筋一般可近似按式(14-20)计算，即

$$A_s = \frac{M}{0.9 f_y h_0} \tag{14-20}$$

7. 绘制基础施工图

14.2.3 某工程墙下钢筋混凝土条形基础设计实例

某教学楼砖墙承重，底层墙体厚度为 370mm，相应于荷载效应标准组合时，作用基础

顶面上的荷载 $F_k = 236 \text{kN/m}$，基础埋深 1.0m，地基承载力特征值为 $f_a = 140 \text{kPa}$，基础材料采用 C15 混凝土，$f_t = 0.91 \text{N/mm}^2$。试确定该墙下钢筋混凝土条形基础的底板厚度及配筋。

【实例分析】

(1) 计算基础宽度：

$$b \geqslant \frac{F_k}{f_a - \gamma_G \times \bar{h}} = \frac{236}{140 - 20 \times 1} = 1.97(\text{m})，取 2\text{m}。$$

(2) 计算地基净反力：

$$p_j = \frac{F_k}{b} = \frac{236}{2} = 118(\text{kPa})$$

(3) 初步确定基础底板厚度。一般取 $h \geqslant \dfrac{b}{8} = \dfrac{2\,000}{8} = 250(\text{mm})$，初选基础底板厚度 $h = 350\text{mm}$，则 $h_0 = h - 40 = 300 - 40 = 260(\text{mm})$，然后进行抗剪强度验算。

(4) 计算基础悬臂部分跟部截面的最大弯矩 M 和最大剪力 V，即

$$a_1 = \frac{2 - 0.37}{2} = 0.815\text{m}$$

$$M = \frac{1}{2} P_j a_1^2 = 0.5 \times 118 \times 0.815^2 = 39.2 \times 10^6 (\text{N.mm})$$

$$V = P_j a_1 = 118 \times 0.815 = 96.17(\text{kN})$$

(5) 受剪承载力验算，即

$V \leqslant 0.7 \beta_{hs} f_t b h_0 = 0.7 \times 1 \times 0.91 \times 1\,000 \times 260 = 165\,620(\text{N}) = 165.62(\text{kN})$，满足要求

(6) 计算基础底板配筋。如果受力钢筋选用 HPB300，$f_y = 300 \text{N/mm}^2$，则

$$A_s = \frac{M}{0.9 f_y h_0} = \frac{39.2 \times 10^6}{0.9 \times 300 \times 260} = 558(\text{mm}^2)$$

选用 $\phi 12@140$（$A_s = 808\text{mm}^2$），分布钢筋选用 $\phi 12@300$。

(7) 绘制基础剖面图，如图 14.7 所示。

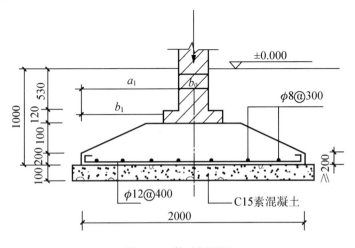

图 14.7　基础剖面图

14.3 柱下钢筋混凝土独立基础设计实训

14.3.1 实训任务书

1. 实训目的和要求

1) 实训目的

(1) 加深对浅基础设计的理解和运用，掌握柱下钢筋混凝土独立基础的设计思路和表达的内容。

(2) 通过课程设计的实际训练，使学生能够按照地基基础设计规范的要求进行柱下钢筋混凝土独立基础设计，并能熟练地确定基础底面尺寸和断面尺寸，使学生能将理论知识运用到实际计算中去。

(3) 掌握浅基础设计的步骤，通过课程设计理解柱下钢筋混凝土独立基础的计算程序。

(4) 通过课程设计的实际训练，使学生进一步掌握柱下钢筋混凝土独立基础平面图和断面图表达的内容，进一步巩固对基础施工图内容的理解等。

2) 实训具体要求

(1) 要求完成该工程建筑物基础部分设计，并编制工程量计算书。主要内容包括：荷载计算、确定基础埋置深度、确定基础承载力特征值、确定基础底面尺寸、确定基础剖面尺寸、绘制基础剖面图。

(2) 课程实训期间，必须发扬实事求是的科学精神，进行深入分析研究和计算，按照指导要求进行编制，严禁捏造、抄袭等坏的作风，力争使自己的实训达到先进水平。

(3) 课程实训应独立完成，遇到有争议的问题可以相互讨论，但不准抄袭他人。否则，一经发现，相关责任者的课程实训成绩以零分计。

2. 实训内容

1) 工程资料

(1) 某办公楼采用柱下钢筋混凝土独立基础，办公楼基础平面图如图 14.8 所示。

(2) 工程地质条件如图 14.9 所示。

(3) 室外设计地面标高为 $-0.450m$，室外设计地面标高同天然地面标高。

(4) 由上部结构传至基础顶面相应于荷载效应标准组合时的竖向力值分别为 ZJ-1 上的 $F_{1k}=600kN$，ZJ-2 上的 $F_{2k}=700kN$，ZJ-3 上的 $F_{3k}=800kN$。

(5) 标准冻深为 0.5m。

2) 编制内容

(1) 荷载计算(包括选计算单元、确定其宽度)。

(2) 确定基础埋置深度。

(3) 确定地基承载力特征值。

(4) 确定基础底面的长度、宽度和剖面尺寸。

(5) 软弱下卧层强度验算。

(6) 绘制施工图(平面图、详图)。

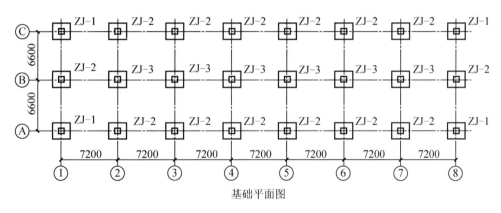

基础平面图

图 14.8　某办公楼基础平面图(柱断面尺寸 700mm×700mm)

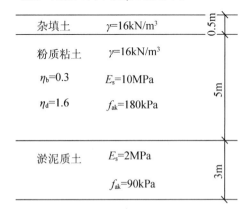

图 14.9　工程地质剖面图

3) 实训成果及要求

(1) 计算书。要求：书写工整、数字准确、图文并茂。

(2) 2 号图纸一张。制图要求：所有图线、图例尺寸和标注方法均应符合新的制图标准，图纸上所有汉字和数字均应书写端正、排列整齐、笔画清晰，中文书写为仿宋字。

14.3.2　实训指导书

柱下钢筋混凝土独立基础设计主要包括确定基础底面尺寸、基础剖面尺寸及构造要求。

1. 荷载计算

(1) 选定计算单元。

(2) 荷载计算。

2. 确定基础的埋置深度 d

根据经验确定 $d_{\min}=Z_0+(100\sim200)\text{mm}$

式中　Z_0——标准冻深，mm。

3. 确定地基的承载力特征值 f_{ak} 及修正值 f_a

$$f_a = f_{ak} + \eta_b\gamma(b-3) + \eta_d\gamma_m(d-0.5)$$

 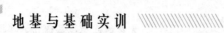

式中　f_a——修正后的地基承载力特征值，kPa；

　　　　f_{ak}——地基承载力特征值(已知)，kPa；

η_b、η_d——基础宽度和埋深的地基承载力修正系数(已知)；

　　　　γ——基础底面以下土的重度，地下水位以下取有效重度，kN/m³；

　　　　γ_m——基础底面以上土的加权平均重度，地下水位以下取有效重度，kN/m³；

　　　　b——基础底面宽度，m，当小于 3m 时按 3m 取值，大于 6m 时按 6m 取值；

　　　　d——基础埋置深度，m。

4. 确定基础底面尺寸

必要时要进行软弱下卧层强度验算。

1) 确定独立基础底面尺寸

(1) 轴心荷载作用下独立基础底面尺寸按式(14-21)计算：

$$A \geqslant \frac{F_k}{f_a - \gamma_G \overline{d}} \tag{14-21}$$

式中　F_k——相应于荷载效应标准组合时，上部结构传至基础顶面的竖向力值，kN，当为柱下独立基础时，轴向力算至基础顶面，当为墙下条形基础时，取 1m 长度内的轴向力(kN/m)算至室内地面标高处；

　　　　$\overline{\gamma}_G$——基础及基础上的土重的平均重度，取 $\gamma = 20\text{kN/m}^3$；当有地下水时，取 $\gamma' = 20 - 9.8 = 10.2(\text{kN/m}^3)$；

　　　　$\overline{h}$——计算基础自重及基础上的土自重 G_K 时的平均高度，m。

对于矩形基础，取基础长边 l 与短边 b 的比例为 $n = l/b$(一般取 $n = 1 \sim 2$)，可得基础宽度为

$$b \geqslant \sqrt{\frac{F_k}{n(f_a - \gamma_G \overline{d})}} \tag{14-22}$$

则基础长边为　　　　　　　　　$l = n \cdot b$

(2) 偏心荷载作用下独立基础底面尺寸。

① 按轴心荷载作用，用式(14-23)初步计算基础底面积；

$$A_0 \geqslant \frac{F_k}{f_a - \gamma_G \times \overline{h}} \tag{14-23}$$

② 考虑偏心荷载的影响，根据偏心距的大小，将基础底面积扩大 10%～40%，即 $A = (1.1 \sim 1.4) A_0$。

③ 确定基础底面长度和宽度。

④ 进行承载力验算，要求：$p_{k\max} \leqslant 1.2 f_a$，$\overline{p}_k \leqslant f_a$。

若地基承载力不能满足上述要求，需要重新调整基底尺寸，直到符合要求为止。

2) 软弱下卧层强度验算

如果在地基土持力层以下的压缩层范围内存在软弱下卧层，则需按式(14-24)验算下卧层顶面的地基强度，即

$$p_z + p_{cz} \leqslant f_{az} \tag{14-24}$$

式中　p_z——相应于荷载效应标准组合时，软弱下卧层顶面处土的附加压力值，kPa；

p_{cz}——软弱下卧层顶面处土的自重压力值，kPa；

f_{az}——软弱下卧层顶面处经深度修正后的地基承载力特征值，kPa。

$$f_{az} = f_{ak} + \eta_d \gamma_m (d+z-0.5)$$

对于独立基础中的 p_z 值可按式(14-25)简化计算：

$$p_z = \frac{blp_0}{(l + 2z\tan\theta)(b + 2z\tan\theta)} = \frac{bl(p_k - p_c)}{(l + 2z\tan\theta)(b + 2z\tan\theta)} \tag{14-25}$$

式中　b ——独立基础底边的宽度，m；

l ——独立基础底边的长度，m；

p_0 ——基底附加压力值，kPa；

p_k ——基础底面处的平均压力值，kPa；

p_c ——基础底面处土的自重压力值，kPa；

z ——基础底面至软弱下卧层顶面的距离，m；

θ ——基底压力扩散角，即压力扩散线与垂直线的夹角(°)(图 14.3 和表 14-2)。

5. 地基变形验算

对设计等级为甲级、乙级的建筑物以及不符合表 14-1 的丙级建筑物，还应进行地基变形验算。

6. 确定基础剖面尺寸及底板配筋

1) 轴心荷载作用

(1) 计算地基净反力 p_j。仅由基础顶面上的荷载 F 在基底所产生的地基反力(不包括基础自重和基础上方回填土重所产生的反力)，称为地基净反力。基底处地基净反力为

$$p_j = \frac{F}{A} \tag{14-26}$$

式中　F——相应于荷载效应基本组合时作用在基础顶面上的荷载，kN/m。

(2) 确定基础底板厚度 h。

柱下钢筋混凝土独立基础的底板厚度(即基础高度)主要由抗冲切强度确定。在轴心荷载作用下，如果基础底板厚度不足，将会沿柱周边产生冲切破坏，形成 45° 斜裂面冲切角锥体。为了保证基础不发生冲切破坏，应保证基础具有足够的高度，使基础冲切角锥体以外由地基净反力产生的冲切力 F_l 小于或等于基础冲切面处混凝土的抗冲切强度。

对于矩形截面柱的矩形基础，应验算柱与基础交接处及基础变阶处的受冲切承载力，受冲切承载力应按式(14-27)验算，即

$$F_l \leqslant 0.7\beta_{hp} f_t a_m h_0$$
$$a_m = (a_t + a_b)/2 \tag{14-27}$$
$$F_l = p_j A_l$$

式中　β_{hp}——受冲切承载力截面高度影响系数，当 h 不大于 800mm 时，β_{hp} 取 1.0；当 h 大于或等于 2 000mm 时，β_{hp} 取 0.9，其间按线性内插法取用；

f_t——混凝土轴心抗拉强度设计值；

h_0——基础冲切破坏锥体的有效高度；

a_m——冲切破坏锥体最不利一侧计算长度;

a_t——冲切破坏锥体最不利一侧斜截面的上边长,当计算柱与基础交接处的受冲切承载力时,取柱宽;当计算基础变阶处的受冲切承载力时,取上阶宽;

a_b——冲切破坏锥体最不利一侧斜截面在基础底面积范围内的下边长,当冲切破坏锥体的底面落在基础底面以内[图 14.10(a)、(b)],计算柱与基础交接处的受冲切承载力时,取柱宽加两倍基础有效高度;当计算基础变阶处的受冲切承载力时,取上阶宽加两倍该处的基础有效高度,当冲切破坏锥体的底面在 l 方向落在基础底面以外,即 $a+2h_0 \geqslant l$ 时[图 14.10(c)],$a_b=l$;

p_j——扣除基础自重及其上土重后相应于荷载效应基本组合时的地基土单位面积净反力,对偏心受压基础可取基础边缘处最大地基土单位面积净反力;

F_l——相应于荷载效应基本组合时作用在 A_l 上的地基土净反力设计值;

A_l——冲切验算时取用的部分基底面积[图 14.10 中(a)、(b)的阴影面积 $ABCDEF$ 或图 14.10(c)中的阴影面积 $ABDC$]。

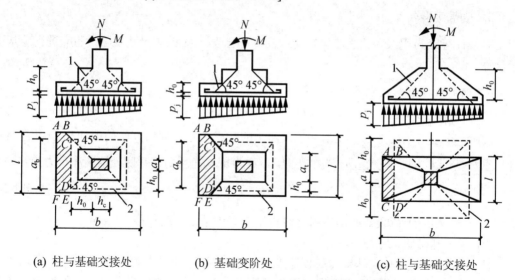

(a) 柱与基础交接处   (b) 基础变阶处   (c) 柱与基础交接处

图 14.10 计算阶梯形基础的受冲切承载力截面位置

1—冲切破坏锥体最不利一侧的斜截面;2—冲切破坏锥体的底面线

① 当 $l \geqslant a_t+2h_0$ 时[图 14.10(a)、(b)],冲切破坏角锥体的底面积落在基底面积以内:

$$A_l = (\frac{b}{2}-\frac{h_c}{2}-h_0)l-(\frac{l}{2}-\frac{a_t}{2}-h_0)^2$$

② 当 $l < a_t+2h_0$ 时[图 14.10(c)],冲切破坏角锥体的底面积落在基底面积以外:

$$A_l = (\frac{b}{2}-\frac{h_c}{2}-h_0)l$$

③ 当基础底面边缘在 45°冲切破坏线以内时,可不进行抗冲切验算。

(3) 计算基础底板配筋。

① 计算弯矩。柱下钢筋混凝土独立基础在地基净反力作用下,将沿柱周边向上弯曲,当弯曲应力超过基础抗弯强度时,基础底板将发生弯曲破坏。一般独立基础长短边尺寸较

为接近，基础底板为双向弯曲板，应分别在底板纵横两个方向配置受力钢筋。计算时，可将基础底板视为固定在柱子周边的梯形悬臂板，近似地将基底面积按对角线划分为 4 个梯形面积，计算截面取柱边或变阶处(阶梯形基础)，则矩形基础沿长短两个方向的弯矩等于梯形基底面积上地基净反力的合力对柱边或基础变阶处截面的力矩。

对于矩形基础，当台阶的宽高比小于或等于 2.5 和偏心距小于或等于 1/6 基础宽度时，基础底板任意截面的弯矩可按下列公式计算[图 14.11(a)]：

Ⅰ—Ⅰ 截面：

$$M_{\mathrm{I}} = \frac{1}{24}(b-b')^2(2l+a')p_{\mathrm{j}}$$

Ⅱ—Ⅱ 截面：

$$M_{\mathrm{II}} = \frac{1}{24}(l-a')^2(2b+b')p_{\mathrm{j}}$$

式中

M_{I}、M_{II}——任意截面 Ⅰ—Ⅰ、Ⅱ—Ⅱ 处相应于荷载效应基本组合时的弯矩设计值。

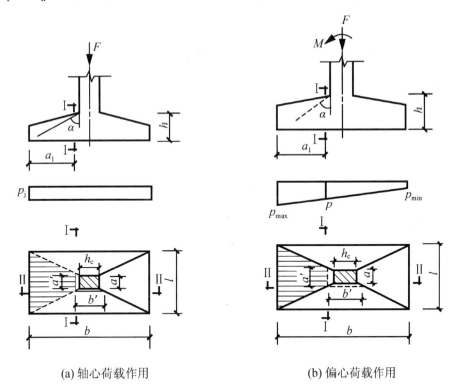

(a) 轴心荷载作用　　　　　(b) 偏心荷载作用

图 14.11　矩形基础底板配筋计算示意

② 计算配筋。当求得截面弯矩后，可用式(14-28)和式(14-29)分别计算基础底板纵横两个方向的钢筋面积。

Ⅰ—Ⅰ 截面：

$$A_{s,\mathrm{I}} = \frac{M_{\mathrm{I}}}{0.9 f_{\mathrm{y}} h_0} \tag{14-28}$$

地基与基础实训 ///////////////////

Ⅱ—Ⅱ截面：

$$A_{s,\text{Ⅱ}} = \frac{M_{\text{Ⅰ}}}{0.9 f_y h_0} \qquad (14\text{-}29)$$

式中　f_y——钢筋的抗拉强度设计值，N/mm^2。

2) 偏心荷载作用

(1) 计算基底净反力的偏心距：

$$e_0 = \frac{M}{F} \qquad (14\text{-}30)$$

(2) 计算基底边缘处的最大和最小净反力。

当偏心距 $e_0 \leqslant \dfrac{b}{6}$ 时，基底边缘处的最大和最小净反力按式(14-31)和式(14-32)计算：

$$p_{j,\text{max}} = \frac{F}{A} \times (1 + \frac{6e_0}{l}) \qquad (14\text{-}31)$$

$$p_{j,\text{min}} = \frac{F}{A} \times (1 - \frac{6e_0}{l}) \qquad (14\text{-}32)$$

(3) 确定基础底板厚度，按式(14-33)验算受冲切承载力：

$$F_1 \leqslant 0.7 \beta_{\text{hp}} f_t a_m h_0$$
$$a_m = (a_t + a_b)/2 \qquad (14\text{-}33)$$
$$F_1 = p_j A_1$$

(4) 计算基础底板配筋。

① 计算弯矩。基础底板任意截面的弯矩可按式(14-34)、式(14-35)计算[图 14.11(b)]：

Ⅰ—Ⅰ截面：

$$M_{\text{Ⅰ}} = \frac{1}{12} a_1^2 \left[(2l + a')(p_{\text{max}} + p - \frac{2G}{A}) + (p_{\text{max}} - p)l \right] \qquad (14\text{-}34)$$

Ⅱ—Ⅱ截面：

$$M_{\text{Ⅱ}} = \frac{1}{48} (l - a')^2 (2b + b')(p_{\text{max}} + p_{\text{min}} - \frac{2G}{A}) \qquad (14\text{-}35)$$

式中　$M_{\text{Ⅰ}}$，$M_{\text{Ⅱ}}$——任意截面Ⅰ—Ⅰ、Ⅱ—Ⅱ处相应于荷载效应基本组合时的弯矩设计值；

　　　　a_1——任意截面Ⅰ—Ⅰ至基底边缘最大反力处的距离；

　　　l、b——基础底面的边长；

p_{max}、p_{min}——相应于荷载效应基本组合时的基础底面边缘最大和最小地基反力设计值；

　　　　p——相应于荷载效应基本组合时在任意截面Ⅰ—Ⅰ处基础底面地基反力设计值；

　　　　G——考虑荷载分项系数的基础自重及其上的土自重；当组合值由永久荷载控制时，$G = 1.35G_k$，G_k 为基础及其上土的标准自重。

② 计算配筋。

当求得截面弯矩后，可用式(14-28)、式(14-29)分别计算基础底板纵横两个方向的钢筋面积。

7. 绘制基础施工图

14.3.3 某工程柱下钢筋混凝土独立基础设计实例

某工程为框架结构，采用柱下钢筋混凝土独立基础，已知地基土为均质粘性土，天然重度 $\gamma = 17.5\text{kN/m}^3$，孔隙比 $e = 0.7$，液性指数 $I_L = 0.78$，地基承载力特征值 $f_a = 200\text{kPa}$。柱截面尺寸 $a \cdot h_c = 400\text{mm} \times 400\text{mm}$，基础标准冻深 0.5m，基础底板厚度 $h = 500\text{mm}$，$h_0 = 460\text{mm}$，柱传来相应于荷载效应标准组合时的轴向力设计值 $F_k = 750\text{kN}$，弯矩设计值 $M_k = 110\text{kN}\cdot\text{m}$，混凝土强度等级 C20，$f_t = 1.1\text{N/mm}^2$，HPB300 级钢筋，$f_y = 300\text{N/mm}^2$，基础下设置 100mm 厚 C10 混凝土垫层，试确定基础底面积、底板厚度，并计算基础底板配筋。

【实例分析】

1. 初步选择基础底面尺寸

(1) 基础埋深 $d = 0.5 + 1 = 1.5\text{(m)}$

(2) 初步计算基础底面积 A_0

$$A_0 \geqslant \frac{F_k}{f_a - \gamma_G \bar{d}} = \frac{750}{200 - 20 \times 1.5} = 4.4\text{(m}^2\text{)}$$

将基础底面积 A_0 扩大 40%，得 $A = 1.4A_0 = 1.4 \times 4.4 = 6.2\text{(m}^2\text{)}$

所以初选基础底面尺寸为 $A = lb = 3 \times 2.2 = 6.6\text{(m}^2\text{)}$

2. 验算地基承载力

(1) $G_k = \gamma_G A \bar{d} = 20 \times 6.6 \times 1.5 = 198\text{(kN)}$

(2) 偏心距 $e = \dfrac{M_k}{F_k + G_k} = \dfrac{110}{750 + 198} = 0.12 < \dfrac{l}{6}$

(3) 基底压力最大值、最小值为

$$p_{k,max} = \frac{F_k + G_k}{lb}\left(1 + \frac{6e}{l}\right) = \frac{750 + 198}{6.6} \times \left(1 + \frac{6 \times 0.12}{3}\right) = 178\text{(kPa)}$$

$$p_{k,min} = \frac{F_k + G_k}{lb}\left(1 - \frac{6e}{l}\right) = \frac{750 + 198}{6.6} \times \left(1 - \frac{6 \times 0.12}{3}\right) = 109\text{(kPa)}$$

(4) 验算

$$p_{k,max} = 178\text{kPa} \leqslant 1.2f_a = 1.2 \times 200 = 240\text{(kPa)}$$

$$\bar{p}_k = \frac{178 + 109}{2} = 143.5\text{kPa} \leqslant f_a = 200\text{(kPa)}$$

说明地基承载力满足要求。

3. 计算基底净反力的偏心距

$$e_0 = \frac{M}{F} = \frac{110}{750} = 0.15\text{m} < \frac{l}{6} = 0.5\text{(m)}$$

基底净反力呈梯形分布。

4. 计算基底边缘处的最大和最小净反力

$$p_{j,max} = \frac{F}{A}\left(1 + \frac{6e}{l}\right) = \frac{750}{3 \times 2.2} \times \left(1 + \frac{6 \times 0.15}{3}\right) = 147.7\text{(kPa)}$$

$$p_{j,min} = \frac{F}{A}(1-\frac{6e}{l}) = \frac{750}{3 \times 2.2} \times (1-\frac{6 \times 0.15}{3}) = 79.5 \text{(kPa)}$$

5. 验算基础底板厚度

基础短边长度 $l=2.2$m，柱截面尺寸为 400mm×400mm，$l > a_t + 2h_0 = 0.4 + 2 \times 0.46 = 1.32$(m)，于是

$$A_l = (\frac{b}{2} - \frac{h_c}{2} - h_0)l - (\frac{l}{2} - \frac{a_t}{2} - h_0)^2 = (\frac{3}{2} - \frac{0.4}{2} - 0.46) \times 2.2 - (\frac{2.2}{2} - \frac{0.4}{2} - 0.46)^2 = 1.65 \text{(m}^2\text{)}$$

$$a_m = \frac{a_t + a_b}{2} = \frac{0.4 + 0.4 + 2 \times 0.46}{2} = 0.86 \text{(m)}$$

$$F_l = p_{j,max} A_l = 147.7 \times 1.65 = 243.71 \text{(kN)}$$

$$0.7\beta_{hp} f_t a_m h_0 = 0.7 \times 1.0 \times 1.1 \times 10^3 \times 0.86 \times 0.46 = 304.61 \text{(kN)}$$

满足 $F_l \leqslant 0.7\beta_{hp} f_t a_m h_0$ 条件，证明基础底板厚度 $h=500$mm 符合要求。

6. 计算基础底板配筋

设计控制截面在柱边处，此时相应的 a'、b' 和 p_{jl} 值为

$$a' = 0.4 \text{m}, \quad b' = 0.4 \text{m}, \quad a_1 = (3-0.4)/2 = 1.3 \text{(m)}$$

$$p_{jl} = 79.5 + (147.7 - 79.5) \times (3-1.3)/3 = 118 \text{(kPa)}$$

长边方向：

$$M_I = \frac{1}{12} a_1^2 \left[(2l+a')(p_{max} + p - \frac{2G}{A}) + (p_{max} - p)l \right]$$

$$= \frac{1}{12} a_1^2 \left[(2l+a')(p_{jmax} + p_{jl}) + (p_{jmax} - p_{jl})l \right]$$

$$= \frac{1}{12} \times 1.3^2 \times \left[(2 \times 2.2 + 0.4) \times (147.7 + 118) + (147.7 - 118) \times 2.2 \right]$$

$$= 188.8 \text{(kN·m)}$$

短边方向：

$$M_{II} = \frac{1}{48} (l-a')^2 (2b+b')(p_{max} + p_{min} - \frac{2G}{A})$$

$$= \frac{1}{48} (l-a')^2 (2b+b')(p_{j,max} + p_{j,min})$$

$$= \frac{1}{48} \times (2.2 - 0.4)^2 \times (2 \times 3 + 0.4) \times (147.7 + 79.5)$$

$$= 98.2 \text{(kN·m)}$$

则长边方向配筋 $A_{s,I} = \frac{M_I}{0.9 f_y h_0} = \frac{188.8 \times 10^6}{0.9 \times 300 \times 460} = 1\,520 \text{(mm}^2\text{)}$

选用①11ϕ16@210($A_{sI} = 2\,211$mm^2)

短边方向配筋 $A_{s,II} = \frac{M_I}{0.9 f_y h_0} = \frac{98.2 \times 10^6}{0.9 \times 300 \times 460} = 791 \text{(mm}^2\text{)}$

选用②15ϕ10@200($A_{sII} = 1\,178$mm^2)

柱下钢筋混凝土独立基础计算与配筋布置图如图 14.12 所示。

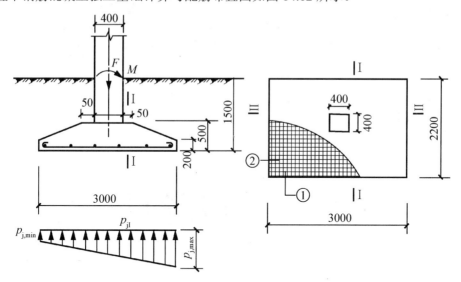

图 14.12　柱下钢筋混凝土独立基础计算与配筋布置图

任务 15

挡土墙设计实训

15.1 实训任务书

1. 实训目的和要求

1) 实训目的

(1) 加深对挡土墙设计的理解和运用,掌握重力式挡土墙的设计思路和表达的内容。

(2) 通过课程设计的实际训练,使学生能够按照地基基础设计规范的要求进行重力式挡土墙设计,并能熟练地确定挡土墙的断面尺寸,使学生能将理论知识运用到实际计算中去。

(3) 掌握挡土墙设计的步骤,通过课程设计理解重力式挡土墙的计算程序。

(4) 通过课程设计的实际训练,使学生进一步掌握重力式挡土墙平面图和断面图表达的内容,进一步巩固对挡土墙施工图内容的理解等。

2) 实训具体要求

(1) 要求完成该工程挡土墙部分的设计,并编制工程量计算书。主要内容包括:荷载计算、确定挡土墙基础埋置深度、确定基础承载力特征值、确定挡土墙剖面尺寸、绘制挡土墙平面图和剖面图。

(2) 课程实训期间,必须发扬实事求是的科学精神,进行深入分析研究和计算,按照指导要求进行编制,严禁捏造、抄袭等坏的作风,力争使自己的实训达到先进水平。

(3) 课程实训应独立完成,遇到有争议的问题可以相互讨论,但不准抄袭他人。否则,一经发现,相关责任者的课程实训成绩以零分计。

2. 实训内容

1) 工程资料

(1) 墙身构造:拟采用浆砌片石重力式挡土墙(墙高 $H=5\text{m}$,填土面水平,墙背垂直),墙身分段长度 10m。

(2) 土壤地质情况:墙背填土容重 $\gamma=18\text{kN/m}^3$,内摩擦角 $\phi=35°$,填土与墙背间无摩擦力;基底摩擦系数 $f=0.30$。

(3) 墙身材料：M7.5 号砂浆砌片石，砌体容重 $Y=22kN/m^3$。

2) 编制内容

(1) 计算墙身自重。

(2) 计算土压力。

(3) 确定挡土墙基础埋置深度。

(4) 确定地基承载力特征值。

(5) 确定挡土墙断面形状和尺寸。

(6) 挡土墙抗倾覆稳定性验算。

(7) 挡土墙抗滑动稳定性验算。

(8) 地基承载力验算。

(9) 墙身材料强度验算。

(10) 绘制挡土墙施工图(平面图、断面图)。

3) 实训成果及要求

(1) 计算书。要求：书写工整、数字准确、图文并茂。

(2) 2 号图纸一张。制图要求：所有图线、图例尺寸和标注方法均应符合新的制图标准，图纸上所有汉字和数字均应书写端正、排列整齐、笔画清晰，中文书写为仿宋字。

15.2　实训指导书

(1) 认真研读挡土墙设计有关案例。

(2) 认真分析实训任务书所提供的设计依据。

(3) 进行挡土墙的设计计算。

① 计算墙身自重。计算墙身自重时，取 1m 长墙进行计算，常将挡土墙划分为几个简单的几何图形，如矩形和三角形等，将每个图形的面积 A_i 乘以墙体材料重度 γ 就能得到相应部分的墙重 G_i，即 $G_i = A_i\gamma$。G_i 作用在每一部分的重心上，方向竖直向下。

② 利用朗肯土压力理论计算作用在挡土墙上的主动土压力：

$$p_a = \gamma z K_a - 2c\sqrt{K_a} \tag{15-1}$$

式中　　p_a——墙背任一点处的主动土压力强度，kPa；

　　　　K_a——朗肯主动土压力系数，$K_a = \tan^2(45 - \dfrac{\varphi}{2})$；

　　　　c——土的凝聚力，kPa；

　　　　φ——土的内摩擦角。

③ 确定挡土墙基础埋置深度。

根据经验确定 $d_{min} = Z_0 + (100\sim200)mm$

式中　　Z_0——标准冻深，mm。

④ 确定地基的承载力特征值 f_{ak} 及修正值 f_a：

$$f_a = f_{ak} + \eta_b\gamma(b-3) + \eta_d\gamma_m(d-0.5) \tag{15-2}$$

式中　　f_a——修正后的地基承载力特征值，kPa；

f_{ak}——地基承载力特征值(已知),kPa;

η_b、η_d——基础宽度和埋深的地基承载力修正系数(已知);

γ——基础底面以下土的重度,地下水位以下取有效重度,kN/m^3;

γ_m——基础底面以上土的加权平均重度,地下水位以下取有效重度,kN/m^3;

b——基础底面宽度,m,当小于 3m 按 3m 取值,大于 6m 按 6m 取值;

d——基础埋置深度,m。

⑤ 确定挡土墙断面尺寸。

高度小于 6m,块石的挡土墙顶宽度不宜小于 0.4m,混凝土墙不宜小于 0.2m,基础底宽为墙高的 1/2~1/3。挡墙基底埋深一般不应小于 0.5m;岩石地基应将基底埋入未风化的岩层内。为了增加挡土墙的抗滑稳定,可将基底做成逆坡(图 15.1),土质地基的基底逆坡不宜大于 1∶10,岩石地基基底逆坡不宜大于 1∶5。当地基承载力难以满足时,墙趾宜设台阶(图 15.2),其高宽比可取 $h\colon a=2\colon1$,a 不得小于 20cm。

图 15.1　基底逆坡坡度

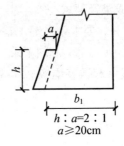

图 15.2　墙趾台阶尺寸

土质地基 $n\colon1=0.1\colon1$;岩石地基 $n\colon1=0.2\colon1$

⑥ 挡土墙抗倾覆稳定性验算,如图 15.3 所示。

抗倾覆安全系数 K_t 应符合式(15-3)要求:

$$K_t=\frac{Gx_0+E_{az}x_f}{E_{ax}z_f}\geqslant1.6 \tag{15-3}$$

$$E_{az}=E_a\cos(\alpha-\delta)$$

$$E_{ax}=E_a\sin(\alpha-\delta)$$

$$x_f=b-z\cot\alpha$$

$$z_f=z-b\tan\alpha_0$$

式中　G——挡土墙每延米自重,kN/m;

x_0——挡土墙重心离墙趾的水平距离,m;

E_{az}——主动土压力的竖向分力,kN/m;

E_{ax}——主动土压力的水平向分力,kN/m;

z——土压力作用点距墙踵的高差,m;

z_f——土压力作用点距墙趾的高差,m;

b——基底的水平投影宽度,m;

x_f——土压力作用点距墙趾的水平距离,m;

α——挡土墙墙背倾角;

α_0——挡土墙基底倾角；

δ——挡土墙墙背与填土之间的摩擦角。

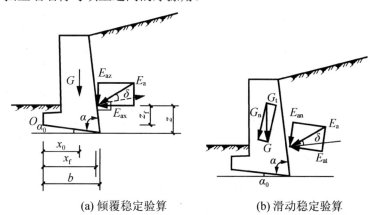

(a) 倾覆稳定验算　　　　　　　(b) 滑动稳定验算

图 15.3　挡土墙的稳定性验算

对软弱地基，墙趾可能陷入土中，产生稳定力矩的力臂将减小，抗倾覆安全系数就会降低，验算时要注意地基土的压缩性。

⑦ 挡土墙抗滑动稳定性验算。

抗滑安全系数 K_s 应按式(15-4)计算：

$$K_s = \frac{(G_n + E_{an})\mu}{E_{at} + G_t} \geq 1.3 \tag{15-4}$$

其中
$$G_n = G\cos\alpha_0$$
$$G_t = G\sin\alpha_0$$
$$E_{an} = E_a\cos(\alpha - \alpha_0 - \delta)$$
$$E_{at} = E_a\sin(\alpha - \alpha_0 - \delta)$$

式中　μ——土对挡土墙基底的摩擦系数。

⑧ 地基承载力验算。

计算基底两端最大压力值 $p_{k,max}$ 和最小压力值 $p_{k,min}$

$$p_{k,max} = \frac{F_k + G_k}{b}(1 + \frac{6e}{b})$$

$$p_{k,min} = \frac{F_k + G_k}{b}(1 - \frac{6e}{b})$$

要求：$p_{k,max} \leq 1.2 f_a$，$\bar{p}_k \leq f_a$

⑨ 墙身材料强度验算(略)。

⑩ 挡土墙后的排水设施。

a) 常沿墙长设置间距为 2～3m，直径≥100mm 的泄水孔。

b) 墙后做好滤水层和必要的排水盲沟，在墙顶地面铺设防水层。

c) 挡土墙应每隔 10~20m 设置伸缩缝。

d) 当墙后有山坡时，还应在坡下设置截水沟。

e) 挡土墙前设置明沟，如图 15.4 所示。

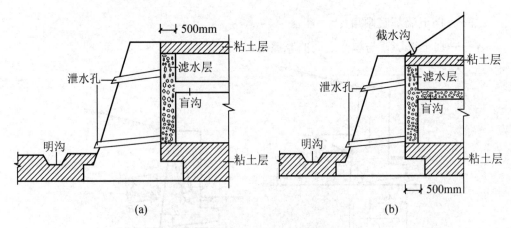

(a)　　　　　　　　　　　　(b)

图 15.4　挡土墙后的排水设施

⑪ 绘制挡土墙施工图(平面图、断面图),并整理计算书等有关设计文件。

15.3　某重力式挡土墙设计实例

某挡土墙高 5m,墙背垂直光滑,填土表面水平。采用 MU30 毛石和 M5 混合砂浆砌筑,已知毛石砌体重度为 24kN/m³,填土重度为 20 kN/m³,内摩擦角为 30°,粘聚力为 0,地面荷载 $q＝2kN/m^2$,基底摩擦系数 $\mu＝0.5$,地基承载力特征值 $f_a＝180kPa$,试设计该挡土墙。

【实例分析】

(1) 确定挡土墙的断面尺寸,如图 15.5 所示。

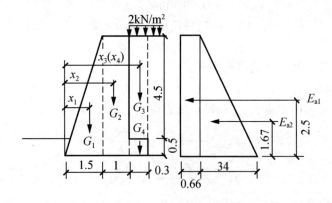

图 15.5　挡土墙实例附图

根据构造要求,选择挡土墙顶宽为 1m,墙底宽 $b＝(\frac{1}{2}\sim\frac{1}{3})h\approx2.8m$,基础埋深设为 0.5m。

(2) 沿墙长方向取 1m 为计算单元,分别计算土重、墙重及相应的力臂。

$$G_1=0.5\times1.5\times5\times1\times24＝90(kN)$$

$$x_1=1.5\times\frac{2}{3}＝1(m)$$

$$G_2＝1\times5\times1\times24＝120(kN)$$

$$x_2 = 1.5 + 0.5 = 2(\text{m})$$

$$G_3 = 0.3 \times 4.5 \times 1 \times 20 = 27(\text{kN})$$

$$x_3 = 2.5 + 0.15 = 2.65(\text{m})$$

$$G_4 = 0.3 \times 0.5 \times 1 \times 24 = 3.6(\text{kN})$$

$$x_4 = 2.65(\text{m})$$

$$G = 90 + 120 + 27 + 3.6 = 240.6(\text{kN})$$

(3) 沿墙长方向取 1m 为计算单元,计算土压力 E_a。

$$K_a = \tan^2\left(45° - \frac{\varphi}{2}\right) = \tan^2\left(45° - \frac{30°}{2}\right) = \frac{1}{3}$$

墙顶处 $\sigma_a = (q + \gamma z)K_a = (2 + 0) \times \dfrac{1}{3} = 0.66(\text{kPa})$

墙底处 $\sigma_a = (q + \gamma z)K_a = (2 + 20 \times 5) \times \dfrac{1}{3} = 34(\text{kPa})$

$$E_{a1} = 0.66 \times 5 = 3.3(\text{kN}) \text{(矩形面积)}$$

$$E_{a2} = \frac{1}{2} \times (34 - 0.66) \times 5 = 83.4(\text{kN}) \text{(三角形面积)}$$

土压力合力 $E_a = E_{a1} + E_{a2} = 3.3 + 83.4 = 86.7(\text{kN})$

(4) 挡土墙抗滑移验算。

$$K_s = \frac{\mu G}{E_a} = \frac{0.5 \times 240.6}{86.7} = 1.39 > 1.3,\text{ 说明挡土墙抗滑移满足要求。}$$

(5) 挡土墙抗倾覆验算。

$$K_t = \frac{M_{抗倾覆}}{M_{倾覆}} = \frac{90 \times 1 + 120 \times 2 + 27 \times 2.65 + 3.6 \times 2.65}{3.3 \times 2.5 + 83.4 \times 1.67} = \frac{411.09}{147.25} = 2.79 > 1.6$$

说明挡土墙抗倾覆满足要求。

(6) 地基承载力验算。

作用在基础底面上总的竖向力 $G = 240.6(\text{kN})$

合力作用点距离墙趾的距离 $c = \dfrac{\sum G_i x_i - \sum E_i y_i}{G} = \dfrac{411.09 - 147.25}{240.6} = 1.1$

偏心距 $e = \dfrac{b}{2} - c = 1.4 - 1.1 = 0.3 < \dfrac{b}{6} = 0.47$

基底压力 $p_{k,\max} = \dfrac{G}{A}\left(1 + \dfrac{6e}{b}\right) = \dfrac{240.6}{2.8 \times 1} \times \left(1 + \dfrac{6 \times 0.3}{2.8}\right) = 141.2(\text{kPa})$

$$p_{k,\min} = \frac{G}{A}\left(1 - \frac{6e}{b}\right) = \frac{240.6}{2.8 \times 1} \times \left(1 - \frac{6 \times 0.3}{2.8}\right) = 30.7(\text{kPa})$$

$$p_{k,\max} = 141.2(\text{kPa}) \leqslant 1.2 f_a = 1.2 \times 180 = 216(\text{kPa})$$

$$\frac{p_{k,\max} + p_{k,\min}}{2} = \frac{141.2 + 30.7}{2} = 86(\text{kPa}) \leqslant f_a = 180(\text{kPa})$$

说明地基承载力满足要求。

(7) 墙体强度验算略。

(8) 挡土墙断面图构造如图 15.6 所示。

 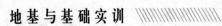

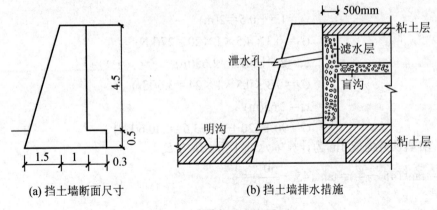

(a) 挡土墙断面尺寸   (b) 挡土墙排水措施

图 15.6 挡土墙断面图构造

任务 16

地基验槽与处理实训

16.1 实训任务书

验槽是在基槽开挖时，根据施工揭露的地层情况，对地质勘察成果与评价建议等进行现场检查，校核施工所揭露的土层是否与勘察成果相符，结论和建议是否符合实际情况，如果不符，应该进行补充修正，必要时应该做施工勘察。

1. 实训目的和要求

1) 实训目的

验槽是一般工程地质勘察工作中的最后一个环节。当施工单位挖完基槽进行基底钎探后，由甲方约请勘察、设计、监理与施工单位技术负责人，共同到工地验槽。验槽的主要目的如下。

(1) 检验工程地质勘察成果及结论建议是否与基槽开挖后的实际情况一致，是否正确。

(2) 挖槽后地层的直接揭露，可为设计人员提供第一手的工程地质和水文地质资料，对出现的异常情况及时分析，提出处理意见。

(3) 当对勘察报告有疑问时，解决此遗留问题，必要时布置施工勘察，以便进一步完善设计，确保施工质量。

2) 实训具体要求

(1) 根据工程地质分布情况，要求完成该工程的地基处理(换填法)，并编制工程量计算书。主要内容包括：确定基础承载力特征值、确定换土垫层的宽度和厚度、绘制基础平面图和剖面图等。

(2) 课程实训期间，必须发扬实事求是的科学精神，进行深入分析研究和计算，按照指导要求进行编制，严禁捏造、抄袭等坏的作风，力争使自己的实训达到先进水平。

(3) 课程实训应独立完成，遇到有争议的问题可以相互讨论，但不准抄袭他人。否则，一经发现，相关责任者的课程实训成绩以零分计。

2. 实训内容

1) 验槽内容及方法

(1) 验槽的内容。

① 校核基槽开挖的平面位置与基槽标高是否符合勘察、设计要求。

② 检验槽底持力层土质与勘察报告是否相同,参加验槽的四方代表要下到槽底,依次逐段检验,若发现可疑之处,应用铁铲铲出新鲜土面,用野外土的鉴别方法进行鉴定。

③ 当发现基槽平面土质显著不均匀,或局部存在古井、菜窖、坟穴、河沟等不良地基时,可用钎探查明平面范围与深度。

④ 检查基槽钎探情况、钎探位置:当条形基坑宽度小于80cm时,可沿中心线打一排钎探孔;基坑宽度大于80cm时,可打两排错开钎探孔,钎探孔间距1.5～2.5m。

(2) 验槽的方法。

① 观察验槽。观察验槽主要观察基槽基底和侧壁土质情况,土层构成及其走向,是否有异常现象,以判断是否达到设计要求的地基土层。由于地基土开挖后的情况复杂、变化多样,这里只能将常见基槽观察的项目和内容列表简要说明,见表16-1。直观鉴别土质情况,应熟练掌握土的野外鉴别法。

表 16-1　基槽观察方法

观察项目		观察内容
槽壁上层		土层分布情况走向
重点部位		柱基、墙角。承重墙下及其他受力较大部分
整个槽底	横底土层	是否挖到老层上(地基持力层)
	土的颜色	是否均匀一致,有无异常过干、过湿
	土的软硬	是否软硬一致
	土的虚实	有无震颤现象,有无空穴声音

② 钎探。对基槽底以下2～3倍基础宽度的深度范围内,土的变化和分布情况,以及是否有空穴或软弱土层,需要用钎探明。钎探方法:将一定长度的钢钎打入槽底以下的土层内,根据每打入一定深度的捶击次数,间接地判断地基土质的情况。打钎分人工和机械两种方法。

钢钎直径为 $\phi22～25$mm,钎尖为 60° 尖锥状,钎长为 1.8～2.0m,从钢钎下端起向上每隔30cm刻一横线,并刷红漆。打钎时,用质量约10kg的锤,锤的落距为50cm将钢钎垂直打入土中,每贯入30cm,记录捶击数一次,并填入规定的表格中。一般每钎分5步打(每步为30cm),钎顶留50cm,以便拔出。钎探点的记录编号应与注有轴线号的打钎平面图相符。

钎孔布置和钎探记录的分析,钎孔布置形式和孔的间距,应根据基槽形状和宽度以及土质情况决定,对于土质变化不太复杂的天然地基,钎孔布置可参照表16-2所列方式布置。

表 16-2　钎探检验深度及间距表

槽宽/m	排列方式	钎探深度/m	检验间距/m
<0.8	中心一排	1.5	1.5
0.8~2.0	两排错开 1/2 钎孔间距	1.5	1.5
>2.0	梅花形	1.5	1.5

对于软弱土层和新近沉积的粘性土以及人工杂填土，钎孔间距不应大于 1.5m。打钎完成后，要从上而下逐步分层分析钎探记录，再横向分析钎孔相互之间的捶击之次，将捶击数过多或过少的钎孔，在打钎图上加以圈定，以备到现场重点检查。钎探后的孔要用砂灌实。

特 别 提 示

验槽应注意的事项如下。

(1) 验槽前必须完成合格的钎探，并有详细的钎探记录，必要时进行抽样检查。

(2) 基坑土方开挖后，应立即组织验槽。

(3) 在特殊情况下，要采取相应措施，确保地基土的安全，不可形成隐患。

(4) 验槽时要认真仔细查看土质及分布情况，是否有杂填土、贝壳等，是否已挖到老土，从而判断是否需要加深处理。

(5) 槽底设计标高若位于地下水位以下较深时，必须做好基槽排水，保证槽底不泡水。

(6) 验槽结果应填写验槽记录，并由参加验槽的四方代表签字，作为施工处理的依据及长期存档保存的文件。

2) 地基处理工程资料

(1) 工程地质勘察报告。

某住宅楼工程地质勘察报告

1. 概述

受×××公司的委托，×××勘察设计研究院承担了某住宅楼的详细勘察阶段的岩土工程勘察工作。

拟建的某住宅楼地上 6 层，高度 18m，基础埋深 2.50m，其他设计参数待定。

根据《湿陷性黄土地区建筑规范》(GB/J 50025—2004)的有关规定，拟建的某住宅楼为丙类建筑。岩土勘察等级为乙级。

根据建筑物结构特征、设计院提供的建筑物平面图及上述技术标准，本次勘察主要目的如下：查明建筑场地内及其附近有无影响工程稳定性的不良地质作用和地质灾害，评价场地的稳定性及建筑适宜性；查明建筑场地地层结构及地基土的物理力学性质；查明建筑场地湿陷类型及地基湿陷等级；查明建筑场地地下水埋藏条件；查明建筑场地内地基土及地下水对建筑材料的腐蚀性；提供场地抗震设计有关参数，评价有关土层的地震液化效应；提供各层地基土承载力特征值及变形指标；对拟建建筑物可能采用的地基基础方案进行分析论证，提供技术可行、经济合理的地基基础方案，并提出方案所需的岩土设计参数。

本次岩土工程勘察工作量是根据勘察阶段及岩土工程勘察等级，按照上述规范、规程的有关规定进行布置的，具体如下：钻探孔 10 个，孔深 12.00～15.20m，合计进尺 130.30m；探井 2 个，井深 10.00～10.50m，合计进尺 20.50m；取不扰动土试样 71 件；现场进行标准贯入试验 15 次；室内完成常规土分析试验 55 件，黄土浸水湿陷性试验 52 件，黄土自重湿陷性试验 16 件，黄土湿陷性起始压力试验 16 件，土的腐蚀性测试 2 件；测放点 12 个。

2. 场地工程地质条件

1) 场地位置、地形及地貌

该工程紧临 210 国道和西万公路衔接处的西侧，北依付村，西靠长里村。场地地形基本平坦，勘探点地面标高介于 416.65～418.80m 之间；场地地貌单元属皂河 II 阶地。

2) 地裂缝

本次勘察通过地面调查及访问，没有发现地表地裂缝变形形迹。现场钻探揭示的古土壤层位没有异常和变位，说明场地不存在地裂缝，也未发现其他不良地质现象。

3) 地层结构

根据现场钻探描述、原位测试与室内土分析试验结果，将场地勘探深度范围内的地基土共分为 5 层，现自上而下分层描述如下。

素填土①：黄褐色，以粉质粘土为主，含砖瓦碎片；局部填土层较厚，部分场地原为取土坑回填整平；该层厚度 1.20～6.20m，层底标高 410.87～417.23m。

黄土(粉质粘土)②：黄褐色，硬塑-可塑，针状孔隙及大孔隙发育，局部具轻微湿陷性，该层上部土层具高压缩性，压缩系数平均值 $\overline{a}_{1-2} = 0.35\,\mathrm{MPa^{-1}}$，属中压缩性土。该层实测标准贯入击数平均值 $\overline{N} = 10$ 击。层底深度 4.20～4.80m，层厚 0.50～3.30m，层底标高 412.04～414.00m。

黄土(粉质粘土)③：褐黄色，硬塑-可塑，针状孔隙发育，含白色钙质条纹及个别钙质结核，偶见蜗牛壳，不具湿陷性，压缩系数平均值 $\overline{a}_{1-2} = 0.13\,\mathrm{MPa^{-1}}$，属中压缩性土。该层实测标准贯入击数平均值 $\overline{N} = 13$ 击。层底深度 7.00～9.60m，层厚 2.50～4.80m，层底标高 407.39～410.73m。

古土壤④：褐红色，硬塑，呈块状结构，含白色钙质条纹及少量钙质结核，底部钙质结核含量较多，并富集成层，不具湿陷性，压缩系数平均值 $\overline{a}_{1-2} = 0.11\,\mathrm{MPa^{-1}}$，属中压缩性土。该层实测标准贯入击数平均值 $\overline{N} = 23$ 击。层底深度 10.50～12.70m，层厚 2.20～3.90m，层底标高 405.19～406.50m。

粉质粘土⑤：褐黄色，可塑。含有氧化铁斑点及钙质结核、个别蜗牛壳碎片，压缩系数平均值 $\overline{a}_{1-2} = 0.16\,\mathrm{MPa^{-1}}$，属中压缩性土。该层实测标准贯入击数平均值 $\overline{N} = 13$ 击。本层未钻穿，最大揭露厚度 4.50m，最大钻探深度 15.20m，最深钻至标高 401.79m。

4) 地下水

本次勘察期间，实测场地地下水稳定水位埋深为 12.00～12.60m，相应水位标高为 404.39～405.00m，属潜水类型。由于地下水埋藏较深，可不考虑其对浅埋基础的影响。

3. 地基土工程性质测试

1) 地基土物理力学性质室内试验成果

(1) 地基土一般物理力学性质室内试验。

为了查明地基土一般物理力学性质，本次勘察对场地勘探深度内 55 件原状土试样进行了室内常规物理力学性质指标测试，各层地基土的物理力学性质指标统计结果见表 16-3。

(2) 地基土湿陷起始压力试验。

为查明地基土层的湿陷起始压力，本次勘察在探井中取了 16 件土样，并在室内进行了土的湿陷起始压力试验，各层土的湿陷起始压力统计结果见表 16-3。

表 16-3 地基土常规物理力学性质指标统计表

主要 指标	含水率 w/%	重度γ /(kN/m³)	干重 度γ_d /(kN/m³)	饱和度 Sr/%	孔隙 比 e	液限 wL/%	塑限 wP/%	塑性 指数 I_p	液性 指数 I_L	湿陷 系数 δ_s	压缩系 数 a_{1-2} /MPa⁻¹	压缩模 量 Es_{1-2} /MPa	湿陷起 始压力 /kPa
黄土②	22.1	17.4	14.2	64.6	0.915	31.2	18.9	12.3	0.26	0.014	0.35	9.0	179
黄土③	21.9	17.7	14.5	68.0	0.870	31.3	18.9	12.4	0.25	0.005	0.13	15.1	200
古土壤④	20.8	19.0	15.8	77.1	0.721	32.6	19.6	13.0	0.07	0.001	0.11	17.4	200
粉质 粘土⑤	22.9	19.5	15.8	93.0	0.726	31.9	19.2	12.7	0.45	0.002	0.16	11.7	

2) 地基土原位测试成果

为评价地基土层的工程性质，本次勘察共进行了 15 次标准贯入试验。其试验结果统计见表 16-4。

表 16-4 标准贯入试验成果统计表

层 号	标贯实测击数/击	标贯修正系数	标贯修正击数/击
黄土②	10	0.97	9.2
黄土③	13	0.89	11.5
古土壤④	23	0.83	19.0
粉质粘土⑤	13	0.80	10.4

4. 场地地震效应

1) 建筑场地类别

根据该场地南侧完成的《住宅楼岩土工程勘察报告书》，拟建建筑场地类别可按Ⅱ类考虑。

2) 场地抗震设防烈度、设计基本地震加速度和设计地震分组

根据《建筑抗震设计规范》(GB 50011—2010)，拟建场地抗震设防烈度为 8 度，设计基本地震加速度值为 0.20g，设计地震分组为第一组，设计特征周期为 0.35s。

3) 地基土液化评价

拟建场地地表下 20m 深度范围内无可液化土层，故可不考虑地基土地震液化问题。

4) 建筑场地地震地段的划分

根据 GB 50011—2010，拟建场地属可进行建设的一般场地。

5. 场地岩土工程评价

1) 黄土的湿陷性评价

(1) 场地湿陷类型。

本次勘察，在 6# 和 12# 探井中采取不扰动土试样进行了黄土自重湿陷性试验，根据试验结果可知，土样的自重湿陷系数均小于 0.015。按《湿陷性黄土地区建筑规范》(GB 50025—2004)有关规定判定，拟建场地属非自重湿陷性黄土场地。

(2) 场地黄土湿陷起始压力。

根据湿陷起始压力试验结果，黄土层的湿陷起始压力值皆大于 100kPa。

地基与基础实训

(3) 地基湿陷等级。

拟建住宅楼的基础埋深 2.5m,室内地坪标高按 419.40m 考虑(根据甲方提供,参考场地南侧 2#楼的室内地坪标高),按 GB 50025—2004 的规定,各井孔的湿陷量计算值自基础底面算起,累计至基础底面以下 10m 深度。各勘探点湿陷量计算值及湿陷等级判定结果见表 16-5。

表 16-5　湿陷量计算值及地基湿陷等级判定表

勘探点号	湿陷量计算起讫深度/m	湿陷量计算值△s/mm	湿陷等级
8#	3.60～4.50	34	Ⅰ(轻微)
9#	3.40～4.50	56	Ⅰ(轻微)
11#	1.90～3.50	122	Ⅰ(轻微)
12#	1.50～4.60	74	Ⅰ(轻微)

由表 16-5 判定结果可知,拟建建筑地基湿陷等级为Ⅰ(轻微),可按此设防。

2) 地基土及地下水腐蚀性评价

本次勘察对水位以上两件土样进行了土的腐蚀性测试,按《岩土工程勘察规范》(GB 50021—2009)的有关规定判定,场地环境类型为Ⅲ类,地基土对混凝土结构及钢筋混凝土结构中的钢筋均不具腐蚀性。

3) 地基土承载力特征值及压缩模量

素填土性质差,分布不均,不能直接用作持力层。根据地基土原位测试及室内土分析试验结果,其余各层地基土的承载力特征值 f_{ak} 及压缩模量 E_s 值建议按表 16-6 采用。

表 16-6　地基承载力特征值及压缩模量建议表

层名及层号	黄土②	黄土③	古土壤④	粉质粘土⑤
承载力特征值 f_{ak}/kPa	140	160	180	190
压缩模量 E_s/MPa	5.0	8.0	12.0	11.0

6. 地基基础方案

1) 天然地基方案

拟建住宅楼,基底标高为 416.90m,基底位于填土①层,填土①层土质不均,应全部挖除,并用素土回填夯实。为提高地基的均匀性,宜在基础底面设置不小于 1.0m 厚的灰土垫层,灰土垫层宜整片处理。

2) 灰土挤密桩方案

拟建住宅楼现地面基本为基础底面,填土较厚,最深为 6.2m,可采用灰土挤密桩处理地基。灰土挤密桩的设计、施工、试验与检测应按 GB 50025—2004 和《建筑地基处理技术规范》(JGJ 79—2012)的有关规定进行。

7. 基坑开挖及支护

拟建场地较为开阔,建筑的基础埋深较浅,基坑可采用放坡开挖,放坡率可采用填土①为1:0.8、黄土②为 1:0.4。

住宅楼基坑开挖时,应做好坡面防护及基坑周围地面的排水工作,防止水流浸泡边坡土体。

(2) 基础平面图如图 16.1 所示。

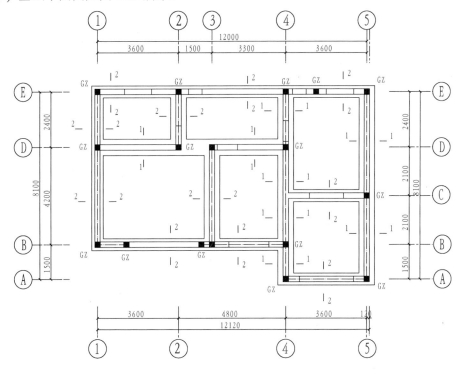

基础平面布置图 1:100

图 16.1 某工程基础平面图

3) 编制内容

(1) 选择基础材料。

(2) 确定基础埋深。

(3) 确定基础底面尺寸(上部结构传来的竖向力设计值可由指导教师确定)。

(4) 确定基础剖面尺寸。

(5) 对于钢筋混凝土基础,确定基础底板配筋。

(6) 选择换土垫层的材料。

(7) 确定换土垫层厚度。

(8) 确定换土垫层底面宽度。

(9) 绘制基础施工图(平面图、断面图)。

4) 实训成果及要求

(1) 计算书。要求:书写工整、数字准确、图文并茂。

(2) 2 号图纸一张。制图要求:所有图线、图例尺寸和标注方法均应符合新的制图标准,图纸上所有汉字和数字均应书写端正、排列整齐、笔画清晰,中文书写为仿宋字。

16.2 实训指导书

(1) 认真研读地基处理有关案例。

(2) 认真分析实训任务书所提供的设计依据。

(3) 进行地基处理的设计计算。

① 选择基础材料。

② 确定基础埋深。

③ 确定基础底面尺寸(上部结构传来的竖向力设计值可由指导教师确定)。

④ 确定基础剖面尺寸。

⑤ 对于钢筋混凝土基础,确定基础底板配筋。

● 特 别 提 示 \\

步骤①~⑤详见任务 14。

⑥ 选择换土垫层的材料。

换土垫层法多用于多层或低层建筑的条形基础或独立基础的情况,换土的宽度与深度有限,既经济又安全。特别指出的是,砂垫层不宜用于处理湿陷性黄土地基,因为砂垫层较大的透水性反而易引起黄土的湿陷。用素土或灰土垫层处理湿陷性黄土地基,可消除 1~3m 厚黄土的湿陷性。

⑦ 确定换土垫层厚度。

以砂垫层为例,用一定厚度的砂垫层置换软弱土层后,上部荷载通过砂垫层按一定扩散角传递到下卧土层顶面上的全部压力,不应超过下卧土层的容许承载力,如图 16.2 所示。

$$p_z + p_{cz} \leq f_{az} \tag{16-1}$$

式中 p_z——相应于荷载效应标准组合时,垫层顶面处的附加应力,kPa;

p_{cz}——垫层底面处自重压力标准值,kPa;

f_{az}——垫层底面处下卧土层经修正后的地基承载力特征值,kPa;

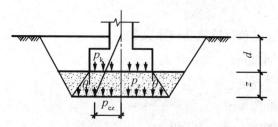

图 16.2 砂垫层剖面图

垫层的厚度不宜大于 3m。垫层底面处的附加压力值 p_z 可分别按式(16-2)、式(16-3)简化计算。

条形基础:

$$p_z = \frac{b(p_k - p_c)}{b + 2z \tan \theta} \tag{16-2}$$

矩形基础：

$$p_z = \frac{bl(p_k - p_c)}{(b + 2z\tan\theta)(l + 2z\tan\theta)} \tag{16-3}$$

式中　b——矩形基础或条件基础底面宽度，m；

　　　l——矩形基础底面长度，m；

　　　p_k——相应于荷载效应标准组合时，基础底面平均压力值，kPa；

　　　p_c——基础底面处土的自重压力值，kPa；

　　　z——基础底面垫层的厚度，m；

　　　θ——垫层的压力扩散角，(°)，按表 16-7 采用。

表 16-7　压力扩散角 θ　　　　　　　　　　　　　　　　(°)

z/b	换填材料		
	碎石土、砾砂、粗中砂、石屑 矿渣	粉质粘土和粉煤灰($8 < I_p < 14$)	灰土
0.25	20	6	28
≥0.50	30	23	28

特 别 提 示

当 $z/b < 0.25$ 时，取 $\theta = 0°$；当 $0.25 < z/b < 0.5$ 时，θ 可由内插值法求得；当 $z/b > 0.5$ 时 θ 值不变。

⑧ 确定换土垫层底面宽度。

砂垫层宽度应满足两方面要求：一是满足应力扩散要求；二是防止侧面土的挤出。目前常用地区经验确定，或按式(16-4)计算：

$$b' = b + 2z\tan\theta \tag{16-4}$$

式中　b'——垫层底面宽度，m。

垫层顶面宽度宜超出基础底面每边不小于 300mm，或从垫层底面两侧向上按开挖基坑的要求放坡。

砂垫层的承载力应通过现场试验确定。一般工程当无试验资料时可按《建筑地基处理技术规范》选用，并应验算下卧层的承载力。

⑨ 绘制基础施工图(平面图、断面图)。

16.3　某地基处理设计实例

某工程采用钢筋混凝土条形基础，基底宽度 $b=1.2m$，埋深 $d=0.8m$，基础的平均重度为 25kN/m³，作用于基础顶面的竖向荷载为 125kN/m。地基土情况：表层为粉质粘土，重度 $\gamma_1=17.5kN/m^3$，厚度 $h_1=1.2m$；第二层土为淤泥质土，$\gamma_2=17.8\ kN/m^3$，$h_2=10m$，地基承载力特征值 $f_{ak}=50kPa$。地下水位深 1.2m。因地基土较软弱，不能承受上部建筑物的荷载，试采用适用方法对地基土进行处理。

实例分析如下。

(1) 地基处理采用换土垫层法，换填土种类选用砂垫层。

(2) 确定砂垫层厚度。

① 假设砂垫层的厚度为 1m。

② 验算垫层厚度。

a) 基础底面处的平均压力值 $p_k = \dfrac{F_k + G_k}{b} = \dfrac{125 + 25 \times 1.2 \times 0.8}{1.2} = 124(\text{kPa})$

b) 垫层底面处的附加压力值 p_z 的计算。

由于 $z/b = 1/1.2 = 0.83 > 0.5$，通过查表 2-10，垫层的压力扩散角 $\theta = 30°$。

$$p_z = \frac{b(p_k - p_c)}{b + 2z\tan\theta} = \frac{1.2 \times (124 - 17.5 \times 0.8)}{1.2 + 2 \times 1 \times \tan 30°} = 56.1(\text{kPa})$$

c) 垫层底面处土的自重压力值 p_{cz} 的计算。

$$\begin{aligned} p_{cz} &= \gamma_1 h_1 + \gamma_2(d + z - h_1) \\ &= 17.5 \times 1.2 + (17.8 - 10) \times (0.8 + 1 - 1.2) \\ &= 25.7\ (\text{kPa}) \end{aligned}$$

d) 垫层底面处经深度修正后的地基承载力特征值 f_{az} 的计算。

根据下卧层淤泥地基承载力特征值 $f_{ak} = 50\text{kPa}$，再经深度修正后得地基承载力特征值：

$$\begin{aligned} f_{az} &= f_{ak} + \eta_b\gamma(b - 3) + \eta_d\gamma_m(d - 0.5) \\ &= 50 + 1.0 \times \frac{17.5 \times 1.2 + (17.8 - 10) \times (0.8 + 1 - 1.2)}{0.8 + 1} \times (1.8 - 0.5) = 68.5(\text{kPa}) \end{aligned}$$

e) 验算垫层下卧层的强度：

$$p_z + p_{cz} = 56.1 + 25.7 = 81.8(\text{kPa}) > f_{az} = 68.5\text{kPa}$$

这说明垫层的厚度不够，假设垫层厚 1.7m，重新计算：

$$p_z = \frac{1.2 \times (124 - 17.5 \times 0.8)}{1.2 + 2 \times 1.7 \times \tan 30°} = 41.7(\text{kPa})$$

$$p_{cz} = 17.5 \times 1.2 + (17.8 - 10) \times (0.8 + 1.7 - 1.2) = 31.1(\text{kPa})$$

$$f_{az} = 50 + 1.0 \times \frac{17.5 \times 1.2 + (17.8 - 10) \times (0.8 + 1.7 - 1.2)}{0.8 + 1.7} \times (0.8 + 1.7 - 0.5) = 74.9(\text{kPa})$$

$$p_z + p_{cz} = 41.7 + 31.1 = 72.8(\text{kPa}) < f_{az} = 74.9(\text{kPa})$$

垫层厚度满足要求。

(3) 确定垫层底面的宽度

$$b' = b + 2z\tan\theta = 1.2 + 2 \times 1.7 \times \tan 30° = 3.2(\text{m})$$

(4) 绘制砂垫层剖面图，如图 16.3 所示。

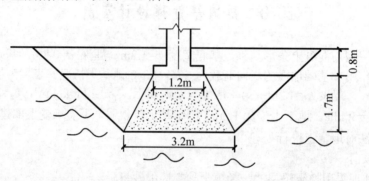

图 16.3　砂垫层剖面图

任务 17

基础施工图的阅读实训

17.1 实训任务书

1. 实训目的和要求

1) 实训目的

(1) 加深对基础施工图表达内容的理解和运用，掌握不同类型基础施工图表达的内容。

(2) 通过课程实训的实际训练，使学生能够按照地基基础设计规范的要求理解基础施工图，并能熟练地进行图纸会审，使学生能将理论知识运用到实际识图中去。

(3) 掌握基础施工图的阅读步骤。

2) 实训具体要求

(1) 要求完成该工程基础平面图和断面图表达的各项内容。

(2) 课程实训期间，必须发扬实事求是的科学精神，进行深入的分析和研究，按照指导要求进行内容的阅读，严禁捏造、抄袭等坏的作风，力争使自己的实训达到先进水平。

(3) 课程实训应独立完成，遇到有争议的问题可以相互讨论，但不准抄袭他人。否则，一经发现，相关责任者的课程实训成绩以零分计。

2. 实训内容

1) 工程资料

(1) 条形基础施工图，如图 17.1～图 17.3 所示。

(2) 独立基础、筏板基础施工图，如图 17.4 所示。

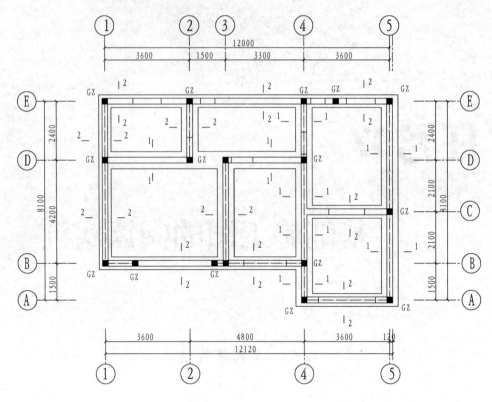

基础平面布置图 1:100

图 17.1　条形基础平面布置图

① 基础平面图是如何形成的?

② 基础平面图主要表达哪些内容?

③ 从基础平面图的图示内容来看,基础有几种断面形式?

④ GZ 代表什么意思? 一共有多少个?

⑤ D 轴线上 2 轴与 3 轴之间的基础只有两条边线,其余轴线基础都有 4 条线,这代表什么意思?

⑥ 基础平面图中有 1—1、2—2 断面符号,其符号代表什么意思? 剖切之后向哪个方向看?

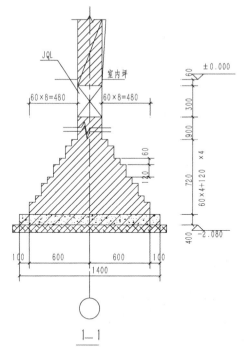

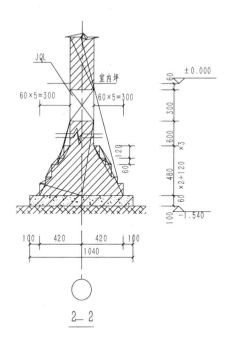

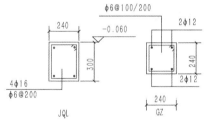

图 17.2 条形基础详图

① 基础断面图是如何形成的？

② 基础断面图主要表达哪些内容？

③ 基础断面图中的材料图例各表示什么意思？

④ 试指出砖基础大放脚各部分尺寸。

⑤ 基础断面图中有没有标注错误的地方，请指出。

⑥ JQL 代表什么意思？其顶部距离室内地坪高差是多少？

⑦ 基础 1—1、2—2 底部标高是多少？

⑧ JQL、GZ 的断面尺寸各是多少？其断面配筋各是什么？

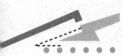

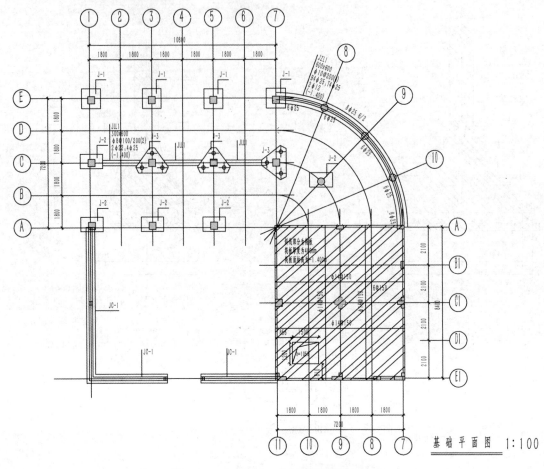

图 17.3　独立基础、筏板基础平面布置图

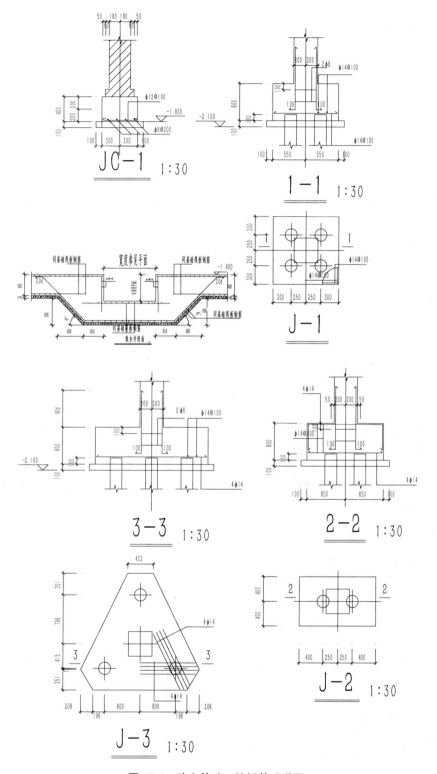

图 17.4　独立基础、筏板基础详图

① 指出图 17.3 和图 17.4 中标注不正确的地方。

② 基础平面图中有几种类型的基础？各是什么？

③ 筏板基础的厚度是多少？筏板基础表面标高是多少？筏板基础中有几种类型的钢筋，各是什么？

④ 基础平面图中 JLL1 代表什么意思？下面图示内容各符号代表什么意思？试绘出 JLL1 的断面图。

JLL1

300×600

φ8@100/200(2)

2φ22; 4φ25

(—1.400)

⑤ 圆弧形 JZL1 代表什么意思？下面图示内容各符号代表什么意思？试绘出 JZL1 的断面图。

JZL1

600×600

φ10@200(4)

B4φ25; T4φ25

2φ12

(—1.400)

⑥ 图 17.5 中 JZL1 上边和下边的数字和钢筋符号代表什么意思？

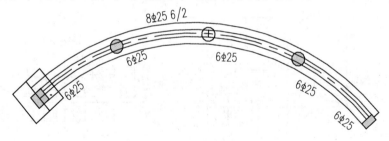

图 17.5　题⑥图

⑦ 筏板基础中长度 1 500mm，宽度 1 200mm，深度 1 050mm 部分代表什么意思？其详图的配筋如何？

⑧ 结合基础详图：JC—1 的断面尺寸和断面配筋各是什么？基底标高是多少？

⑨ J—1、J—2、J—3 的长度、宽度和高度尺寸各是多少？基础底板的配筋各是什么？试绘出基础底板的平面布筋情况。

2) 实训成果及要求

按比例绘制基础平面图和断面图，并回答相应的问题。制图要求：所有图线、图例尺寸和标注方法均应符合新的制图标准，图纸上所有汉字和数字均应书写端正、排列整齐、笔画清晰，中文书写为仿宋字。

17.2　实训指导书

如图 17.6 所示，基础施工图的阅读可按以下顺序进行。

(1) 通过图示内容可以了解到该基础施工图主要包括设计说明、基础平面图和基础详图三部分，基础平面图采用的比例是 1∶100。

(2) 阅读图纸时，可以按照"设计说明→基础平面图→基础详图"的顺序阅读。

(3) 阅读设计说明。

说明：

1. 本工程±0.000 为绝对标高 5.050，室内外高差 450mm。

2. 混凝土：C30。φ-HPB300 级钢，Φ-HPB335 级钢，Φ-HPB400 级钢。

3. 地基承载力特征值为 65kPa(修正前)，基础应埋置于②层上基槽超挖或槽内有暗塘时应将淤泥清除干净，换以粗砂或粗砂石分层回填到设计标高，分层厚度宜小于或等于 200 并经充分夯实。

4. 墙体材料见建筑。

5. 基础构造见图集 11G101—3，防雷接地详见电施。

6. 垫层均为 100 厚 C15 素混凝土，垫层下素土夯实。

7. 未注明基础梁定位均为与轴线居中或与柱、墙边齐平，JCL 底与 JL 底齐平。

8. 基础施工完成后，应将场地土及时回填至设计标高，然后进行上部结构的施工。

从设计说明中可以了解到基础及垫层混凝土强度等级、钢筋级别、地基承载力特征值、基础构造选用的标准图集及基础回填土要求等。

(4) 阅读基础平面图。

从基础平面图上可以读取出：

① 该基础为条形基础。

② 横向定位轴线有 15 道，轴线间尺寸分别为 6 400mm、600mm、3 000mm、6 000mm等；纵向定位轴线有 3 道，轴线间尺寸分别为 10 000mm 和 8 000mm。

③ 可以读取出各条轴线基础的类型。如 1 轴线基础为 JC—3、2 轴线和 3 轴线基础为JC—5、4 轴线基础为 JC—2 等。

④ 可以读取出基础宽度尺寸。如 1 轴线基础 JC—3，轴线至基础边线的尺寸分别为 1 525mm(左)和 1 475mm(右)；2 轴线和 3 轴线基础 JC—5，2 轴线至基础左边线为 1 500mm，2 轴线与 3 轴线之间为 600mm，3 轴线至基础右边线为 1 500mm 等。

⑤ 可以读取出基础梁的类型及其参数，以图 17.7 为例。

以 1 轴线为例说明基础梁参数的标注方法。该基础梁分别采用了集中标注和原位标注

相结合的方法来表达基础梁的参数，如集中标注中 $\begin{array}{c} JL3(2)600\times1\,000 \\ \phi8@150(4) \\ B4\Phi22;\ T4\Phi22 \\ G2\Phi14@150 \end{array}$ 的 JL3 代表基础梁的编

号；(2)代表基础梁的跨数(两跨)；600×1 000 代表基础梁宽度为 600mm，高度为 1 000mm；φ8@150(4) 代表基础梁的箍筋为直径 8mm 的一级钢筋，钢筋的中心距为 150mm，四肢箍；B4Φ22；T4Φ22 代表基础梁的底部(B)钢筋为 4 根直径 22mm 的三级钢筋，顶部(T)钢筋为 4 根直径 22mm 的三级钢筋；G2Φ14@150 代表基础梁两侧共配置了 2 根直径 14mm 的三级钢筋，沿基础梁高度方向钢筋的中心距为 150mm。在原位标注中，在基础梁的两端各标注了 8Φ22，代表在基础梁端的下部配置了 8 根直径 22mm 的三级钢筋。JL3 的配筋示意图如图 17.8 所示。

地基与基础实训

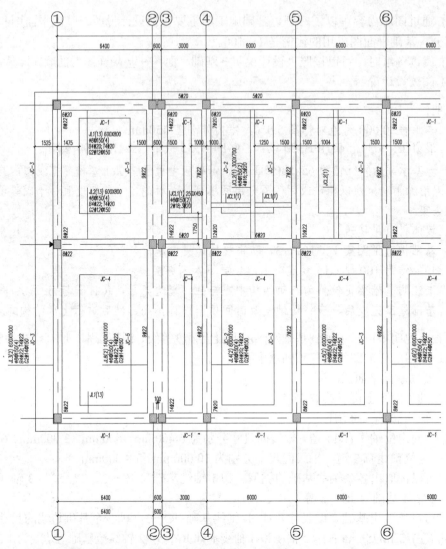

图 17.7　基础局部平面图

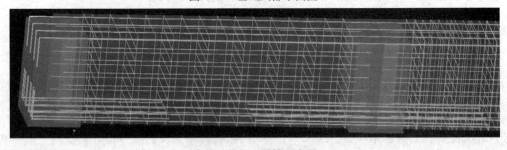

图 17.8　JL3 配筋示意图

⑥ 从平面图中还可以读取出 3 轴与 4 轴之间、4 轴与 5 轴之间、5 轴与 6 轴之间、14 轴与 15 轴之间还有 JCL1 和 JCL2，其参数的阅读方法与 JL 相同；在 9 轴与 10 轴之间有宽度为 1m 的现浇混凝土后浇带。

(5) 阅读基础详图，以图 17.9 为例。

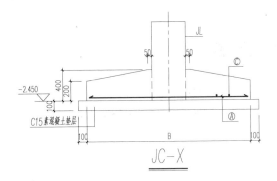

JC—X 表

序号	编号	B	A	C
1	JC—1	1500	φ14@125	φ8@150
2	JC—2	2000	φ14@100	φ8@150
3	JC—3	3000	φ14@100	φ8@150
4	JC—4	3500	φ14@100	φ8@150
5	JC—5	3600	φ14@100	φ8@150

图 17.9 基础详图

从 JC—X 表中可以直接读取出基础的编号(JC—1、JC—2、JC—3、JC—4、JC—5)、基础宽度 B(1 500mm、2 000mm、3 000mm、3 500mm、3 600mm)、基础底板受力筋 A 和基础底板分布筋 C。从基础断面图中可以读取出基础宽度 B，基础边缘高度为 200mm，基础中间高度为 400mm，基础顶部扩大面与基础梁边缘之间的距离为 50mm，基础底部的标高为−2.450m；基础边缘与垫层边缘之间的距离为 100mm，基础垫层的厚度为 100mm，垫层混凝土强度等级为 C15；基础底板的受力筋 A 和分布筋 C 见 JC—X 表。条形基础底板配筋示意图如图 17.10 所示。

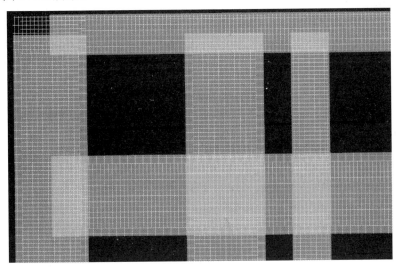

图 17.10 条形基础底板配筋示意图

参 考 文 献

[1] 中华人民共和国建设部. GB 50025—2004 湿陷性黄土地区建筑规范[S]. 北京：中国计划出版社，2004.
[2] 中华人民共和国住房和城乡建设部. GB 50112—2013 膨胀土地区建筑技术规范[S]. 北京：中国建筑工业出版社，2013.
[3] 中华人民共和国住房和城乡建设部. GB 50007—2011 建筑地基基础设计规范[S]. 北京：中国计划出版社，2012.
[4] 中华人民共和国住房和城乡建设部. GB 50011—2010 建筑抗震设计规范[S]. 北京：中国建筑工业出版社，2010.
[5] 中华人民共和国建设部. GB 50324—2001 冻土工程地质勘察规范[S]. 北京：中国计划出版社，2001.
[6] 中华人民共和国交通部. JTG D30—2004 公路路基设计规范[S]. 北京：人民交通出版社，2004.
[7] 中华人民共和国住房和城乡建设部. JGJ 79—2012 建筑地基处理技术规范[S]. 北京：中国建筑工业出版社，2013.
[8] 中华人民共和国住房和城乡建设部. JGJ 94—2008 建筑桩基技术规范[S]. 北京：中国建筑工业出版社，2008.
[9] 潘明远，朱坤，李慧兰，等. 建筑工程质量事故分析与处理[M]. 北京：中国电力出版社，2007.
[10] 中华人民共和国建设部. GB 50202—2002 建筑地基基础工程施工质量验收规范[S]. 北京：中国计划出版社，2002.
[11] 中华人民共和国交通部. JTG E40—2007 公路土工试验规程[S]. 北京：人民交通出版社，2007.
[12] 中华人民共和国建设部. GB 50021—2001 岩土工程勘察规范(2009 年版)[S]. 北京：中国建筑工业出版社，2009.
[13] 王秀兰，等. 地基与基础[M]. 北京：人民交通出版社，2007.
[14] 杨太生. 地基与基础[M]. 北京：中国建筑工业出版社，2004.
[15] 中华人民共和国建设部. GB/T 50123—1999 土工试验方法标准(2007 年版)[S]. 北京：中国计划出版社，2007.
[16] 陈晓平，陈书申. 土力学与地基基础[M]. 2 版. 武汉：武汉理工大学出版社，2003.
[17] 陈晋中. 土力学与地基基础[M]. 北京：机械工业出版社，2008.
[18] 肖明和，等. 地基与基础[M]. 2 版. 北京：北京大学出版社，2013.

北京大学出版社高职高专土建系列规划教材

序号	书名	书号	编著者	定价	出版时间	印次	配套情况	
			基 础 课 程					
1	工程建设法律与制度	978-7-301-14158-8	唐茂华	26.00	2012.7	6	ppt/pdf	
2	建设法规及相关知识	978-7-301-22748-0	唐茂华等	34.00	2013.8	1	ppt/pdf	
3	建设工程法规	978-7-301-16731-1	高玉兰	30.00	2013.8	13	ppt/pdf/答案/素材	★
4	建筑工程法规实务	978-7-301-19321-1	杨陈慧等	43.00	2012.1	4	ppt/pdf	★
5	建筑法规	978-7-301-19371-6	董伟等	39.00	2013.1	4	ppt/pdf	★
6	建设工程法规	978-7-301-20912-7	王先恕	32.00	2012.7	1	ppt/ pdf	
7	AutoCAD 建筑制图教程(第2版)(新规范)	978-7-301-21095-6	郭 慧	38.00	2013.8	2	ppt/pdf/素材	★
8	AutoCAD 建筑绘图教程(2010版)	978-7-301-19234-4	唐英敏等	41.00	2011.7	4	ppt/pdf	★
9	建筑CAD项目教程(2010版)	978-7-301-20979-0	郭 慧	38.00	2012.9	1	pdf/素材	
10	建筑工程专业英语	978-7-301-15376-5	吴承霞	20.00	2013.8	8	ppt/pdf	★
11	建筑工程专业英语	978-7-301-20003-2	韩薇等	24.00	2012.1	1	ppt/pdf	★
12	建筑工程应用文写作	978-7-301-18962-7	赵立等	40.00	2012.6	3	ppt/pdf	★
13	建筑构造与识图	978-7-301-14465-7	郑贵超等	45.00	2013.5	13	ppt/pdf/答案	★
14	建筑构造(新规范)	978-7-301-21267-7	肖 芳	34.00	2013.5	2	ppt/ pdf	
15	房屋建筑构造	978-7-301-19883-4	李少红	26.00	2012.1	3	ppt/pdf	
16	建筑工程制图与识图	978-7-301-15443-4	白丽红	25.00	2013.7	9	ppt/pdf/答案	★
17	建筑制图习题集	978-7-301-15404-5	白丽红	25.00	2013.7	8	pdf	
18	建筑制图(第2版)(新规范)	978-7-301-21146-5	高丽荣	32.00	2013.2	1	ppt/pdf	★
19	建筑制图习题集(第2版)(新规范)	978-7-301-21288-2	高丽荣	28.00	2013.1	1	pdf	
20	建筑工程制图(第2版)(附习题册)(新规范)	978-7-301-21120-5	肖明和	48.00	2012.8	5	ppt/pdf	
21	建筑制图与识图	978-7-301-18806-4	曹雪梅等	24.00	2012.2	5	ppt/pdf	★
22	建筑制图与识图习题册	978-7-301-18652-7	曹雪梅等	30.00	2012.4	4	pdf	★
23	建筑制图与识图(新规范)	978-7-301-20070-4	李元玲	28.00	2012.4	4	ppt/pdf	★
24	建筑制图与识图习题集(新规范)	978-7-301-20425-2	李元玲	24.00	2012.3	4	ppt/pdf	★
25	新编建筑工程制图(新规范)	978-7-301-21140-3	方筱松	30.00	2012.8	1	ppt/ pdf	★
26	新编建筑工程制图习题集(新规范)	978-7-301-16834-9	方筱松	22.00	2012.9	1	pdf	
27	建筑识图(新规范)	978-7-301-21893-8	邓志勇等	35.00	2013.1	2	ppt/ pdf	
28	建筑识图与房屋构造	978-7-301-22860-9	贠禄等	54.00	2013.8	1	ppt/pdf /答案	★
			建 筑 施 工 类					
1	建筑工程测量	978-7-301-16727-4	赵景利	30.00	2013.8	10	ppt/pdf /答案	★
2	建筑工程测量(第2版)(新规范)	978-7-301-22002-3	张敬伟	37.00	2013.5	2	ppt/pdf /答案	★
3	建筑工程测量	978-7-301-19992-3	潘益民	38.00	2012.2	2	ppt/ pdf	★
4	建筑工程测量实验与实训指导(第2版)	978-7-301-23166-1	张敬伟	27.00	2013.9	1	pdf/答案	
5	建筑工程测量	978-7-301-13578-5	王金玲等	26.00	2011.8	3	pdf	
6	建筑工程测量实训	978-7-301-19329-7	杨凤华	27.00	2013.5	4	pdf	★
7	建筑工程测量(含实验指导手册)	978-7-301-19364-8	石 东等	43.00	2012.6	2	ppt/pdf/答案	★
8	建筑工程测量	978-7-301-22485-4	景 铎等	34.00	2013.6	1	ppt/pdf	
9	数字测图技术(新规范)	978-7-301-22656-8	赵 红	36.00	2013.6	1	ppt/pdf	★
10	数字测图技术实训指导（新规范）	978-7-301-22679-7	赵 红	27.00	2013.6	1	ppt/pdf	★
11	建筑施工技术(新规范)	978-7-301-21209-7	陈雄辉	39.00	2013.2	2	ppt/pdf	★
12	建筑施工技术	978-7-301-12336-2	朱永祥等	38.00	2012.4	7	ppt/pdf	
13	建筑施工技术	978-7-301-16726-7	叶 雯等	44.00	2013.5	5	ppt/pdf /素材	
14	建筑施工技术	978-7-301-19499-7	董伟等	42.00	2011.9	2	ppt/pdf	
15	建筑施工技术	978-7-301-19997-8	苏小梅	38.00	2013.5	3	ppt/pdf	
16	建筑工程施工技术(第2版)(新规范)	978-7-301-21093-2	钟汉华等	48.00	2013.8	2	ppt/pdf	★
17	基础工程施工(新规范)	978-7-301-20917-2	董伟等	35.00	2012.7	2	ppt/pdf	★

序号	书名	书号	编著者	定价	出版时间	印次	配套情况	
18	建筑施工技术实训	978-7-301-14477-0	周晓龙	21.00	2013.1	6	pdf	★
19	建筑力学(第2版)(新规范)	978-7-301-21695-8	石立安	46.00	2013.3	2	ppt/pdf	★
20	土木工程实用力学	978-7-301-15598-1	马景善	30.00	2013.1	4	pdf/ppt	★
21	土木工程力学	978-7-301-16864-6	吴明军	38.00	2011.11	2	ppt/pdf	★
22	PKPM 软件的应用(第2版)	978-7-301-22625-4	王 娜等	34.00	2013.6	1	pdf	★
23	建筑结构(第2版)(上册)(新规范)	978-7-301-21106-9	徐锡权	41.00	2013.4	1	ppt/pdf/答案	★
24	建筑结构(第2版)(下册)(新规范)	978-7-301-22584-4	徐锡权	42.00	2013.6	1	ppt/pdf/答案	★
25	建筑结构	978-7-301-19171-2	唐春平等	41.00	2012.6	3	ppt/pdf	
26	建筑结构基础(新规范)	978-7-301-21125-0	王中发	36.00	2012.8	2	ppt/pdf	★
27	建筑结构原理及应用	978-7-301-18732-6	史美东	45.00	2012.8	1	ppt/pdf	★
28	建筑力学与结构(第2版)(新规范)	978-7-301-22148-8	吴承霞等	49.00	2013.4	1	ppt/pdf/答案	★
29	建筑力学与结构(少学时版)	978-7-301-21730-6	吴承霞	34.00	2013.2	1	ppt/pdf/答案	★
30	建筑力学与结构	978-7-301-20988-2	陈水广	32.00	2012.8	1	pdf/ppt	
31	建筑结构与施工图(新规范)	978-7-301-22188-4	朱希文等	35.00	2013.3	1	ppt/pdf	★
32	生态建筑材料	978-7-301-19588-2	陈剑峰等	38.00	2013.7	2	ppt/pdf	
33	建筑材料	978-7-301-13576-1	林祖宏	35.00	2012.6	9	ppt/pdf	★
34	建筑材料与检测	978-7-301-16728-1	梅 杨等	26.00	2012.11	8	ppt/pdf/答案	★
35	建筑材料检测试验指导	978-7-301-16729-8	王美芬等	18.00	2013.7	5	pdf	
36	建筑材料与检测	978-7-301-19261-0	王 辉	35.00	2012.6	3	ppt/pdf	★
37	建筑材料与检测试验指导	978-7-301-20045-2	王 辉	20.00	2013.1	3	ppt/pdf	
38	建筑材料选择与应用	978-7-301-21948-5	申淑荣等	39.00	2013.3	1	ppt/pdf	★
39	建筑材料检测实训	978-7-301-22317-8	申淑荣等	24.00	2013.4	1	pdf	
40	建设工程监理概论(第2版)(新规范)	978-7-301-20854-0	徐锡权等	43.00	2013.7	3	ppt/pdf /答案	
41	建设工程监理	978-7-301-15017-7	斯 庆	26.00	2013.1	6	ppt/pdf /答案	★
42	建设工程监理概论	978-7-301-15518-9	曾庆军等	24.00	2012.12	5	ppt/pdf	
43	工程建设监理案例分析教程	978-7-301-18984-9	刘志麟等	38.00	2013.2	2	ppt/pdf	★
44	地基与基础	978-7-301-14471-8	肖明和	39.00	2012.4	7	ppt/pdf/答案	★
45	地基与基础	978-7-301-16130-2	孙平平等	26.00	2013.2	3	ppt/pdf	
46	地基与基础实训	978-7-301-23174-6	肖明和等	25.00	2013.10	1	ppt/pdf	
46	建筑工程质量事故分析(第2版)	978-7-301-22467-0	郑文新	32.00	2013.9	1	ppt/pdf	★
47	建筑工程施工组织设计	978-7-301-18512-4	李源清	26.00	2013.5	5	ppt/pdf	★
48	建筑工程施工组织实训	978-7-301-18961-0	李源清	40.00	2012.11	3	ppt/pdf	★
49	建筑施工组织与进度控制(新规范)	978-7-301-21223-3	张廷瑞	36.00	2012.9	2	ppt/pdf	★
50	建筑施工组织项目式教程	978-7-301-19901-5	杨红玉	44.00	2012.1	1	ppt/pdf/答案	
51	钢筋混凝土工程施工与组织	978-7-301-19587-1	高 雁	32.00	2012.5	1	ppt/pdf	
52	钢筋混凝土工程施工与组织实训指导(学生工作页)	978-7-301-21208-0	高 雁	20.00	2012.9	1	ppt	
工 程 管 理 类								
1	建筑工程经济(第2版)	978-7-301-22736-7	张宁宁等	30.00	2013.7	1	ppt/pdf/答案	★
2	建筑工程经济	978-7-301-20855-7	赵小娥等	32.00	2013.7	2	ppt/pdf	
3	施工企业会计	978-7-301-15614-8	辛艳红等	26.00	2013.1	5	ppt/pdf/答案	★
4	建设工程项目管理	978-7-301-12335-5	范红岩等	30.00	2012.4	9	ppt/pdf	★
5	建设工程项目管理	978-7-301-16730-4	王 辉	32.00	2013.5	5	ppt/pdf/答案	★
6	建设工程项目管理	978-7-301-19335-8	冯松山等	38.00	2012.8	2	pdf/ppt	
7	建筑工程招投标与合同管理(第2版)(新规范)	978-7-301-21002-4	宋春岩	38.00	2013.8	5	ppt/pdf/ 答案 / 试题/教案	★
8	建筑工程招投标与合同管理(新规范)	978-7-301-16802-8	程超胜	30.00	2012.9	2	pdf/ppt	★
9	建筑工程商务标编制实训	978-7-301-20804-5	钟振宇	35.00	2012.7	1	ppt	★
10	工程招投标与合同管理实务	978-7-301-19035-7	杨甲奇等	48.00	2011.8	2	pdf	★
11	工程招投标与合同管理实务	978-7-301-19290-0	郑文新等	43.00	2012.4	2	ppt/pdf	★
12	建设工程招投标与合同管理实务	978-7-301-20404-7	杨云会等	42.00	2012.4	1	ppt/pdf/ 答案 / 习题库	

序号	书名	书号	编著者	定价	出版时间	印次	配套情况	
13	工程招投标与合同管理(新规范)	978-7-301-17455-5	文新平	37.00	2012.9	1	ppt/pdf	★
14	工程项目招投标与合同管理	978-7-301-15549-3	李洪军等	30.00	2012.11	6	ppt	★
15	工程项目招投标与合同管理(第2版)	978-7-301-22462-5	周艳冬	35.00	2013.7	1	ppt/pdf	★
16	建筑工程安全管理	978-7-301-19455-3	宋 健等	36.00	2013.5	3	ppt/pdf	
17	建筑工程质量与安全管理	978-7-301-16070-1	周连起	35.00	2013.2	5	ppt/pdf/答案	
18	施工项目质量与安全管理	978-7-301-21275-2	钟汉华	45.00	2012.10	1	ppt/pdf	
19	工程造价控制	978-7-301-14466-4	斯 庆	26.00	2013.8	9	ppt/pdf	★
20	工程造价管理	978-7-301-20655-3	徐锡权等	33.00	2013.8	2	ppt/pdf	
21	工程造价控制与管理	978-7-301-19366-2	胡新萍等	30.00	2013.1	2	ppt/pdf	★
22	建筑工程造价管理	978-7-301-20360-6	柴 琦等	27.00	2013.1	2	ppt/pdf	
23	建筑工程造价管理	978-7-301-15517-2	李茂英等	24.00	2012.1	4	pdf	
24	建筑工程造价	978-7-301-21892-1	孙咏梅	40.00	2013.2	1	ppt/pdf	★
25	建筑工程计量与计价(第2版)	978-7-301-22078-8	肖明和等	58.00	2013.8	2	pdf/ppt	★
26	建筑工程计量与计价实训（第2版）	978-7-301-22606-3	肖明和等	29.00	2013.7	1	pdf	★
27	建筑工程估价	978-7-301-22802-9	张 英	43.00	2013.8	1	ppt/pdf	★
28	建筑工程计量与计价——透过案例学造价	978-7-301-16071-8	张 强	50.00	2013.9	7	ppt/pdf	★
29	安装工程计量与计价（第2版）	978-7-301-22140-2	冯钢等	50.00	2013.7	2	pdf/ppt	★
30	安装工程计量与计价实训	978-7-301-19336-5	景巧玲等	36.00	2013.5	3	pdf/素材	★
31	建筑水电安装工程计量与计价(新规范)	978-7-301-21198-4	陈连姝	36.00	2013.8	2	ppt/pdf	
32	建筑与装饰装修工程工程量清单	978-7-301-17331-2	翟丽旻等	25.00	2012.8	3	pdf/ppt/答案	
33	建筑工程清单编制	978-7-301-19387-7	叶晓容	24.00	2011.8	1	ppt/pdf	
34	建设项目评估	978-7-301-20068-1	高志云等	32.00	2013.6	2	ppt/pdf	★
35	钢筋工程清单编制	978-7-301-20114-5	贾莲英	36.00	2012.2	1	ppt / pdf	
36	混凝土工程清单编制	978-7-301-20384-2	顾 娟	28.00	2012.5	1	ppt / pdf	
37	建筑装饰工程预算	978-7-301-20567-9	范菊雨	38.00	2013.6	2	pdf/ppt	★
38	建设工程安全监理(新规范)	978-7-301-20802-1	沈万岳	28.00	2012.7	1	pdf/ppt	★
39	建筑工程安全技术与管理实务(新规范)	978-7-301-21187-8	沈万岳	48.00	2012.9	1	pdf/ppt	★
40	建筑工程资料管理	978-7-301-17456-2	孙 刚等	36.00	2013.8	3	pdf/ppt	
41	建筑施工组织与管理(第2版)(新规范)	978-7-301-22149-5	翟丽旻等	43.00	2013.4	1	ppt/pdf/答案	★
42	建设工程合同管理	978-7-301-22612-4	刘庭江	46.00	2013.6	1	ppt/pdf/答案	★
43	工程造价案例分析	978-7-301-22985-9	甄 凤	30.00	2013.8	1	pdf/ppt	★
建 筑 设 计 类								
1	中外建筑史	978-7-301-15606-3	袁新华	30.00	2013.8	9	ppt/pdf	★
2	建筑室内空间历程	978-7-301-19338-9	张伟孝	53.00	2011.8	1	pdf	★
3	建筑装饰CAD项目教程(新规范)	978-7-301-20950-9	郭 慧	35.00	2013.1	1	ppt/素材	
4	室内设计基础	978-7-301-15613-1	李书青	32.00	2013.5	3	ppt/pdf	
5	建筑装饰构造	978-7-301-15687-2	赵志文等	27.00	2012.11	5	ppt/pdf/答案	★
6	建筑装饰材料(第2版)	978-7-301-22356-7	焦 涛等	34.00	2013.5	4	ppt/pdf	
7	建筑装饰施工技术	978-7-301-15439-7	王 军等	30.00	2013.7	6	ppt/pdf	★
8	装饰材料与施工	978-7-301-15677-3	宋志春等	30.00	2010.8	2	ppt/pdf/答案	★
9	设计构成	978-7-301-15504-2	戴碧锋	30.00	2012.10	2	ppt/pdf	
10	基础色彩	978-7-301-16072-5	张 军	42.00	2011.9	2	pdf	★
11	设计色彩	978-7-301-21211-0	龙黎黎	46.00	2012.9	1	ppt	★
12	设计素描	978-7-301-22391-8	司马金桃	29.00	2013.4	1	ppt	★
13	建筑素描表现与创意	978-7-301-15541-7	于修国	25.00	2012.11	3	Pdf	★
14	3ds Max 效果图制作	978-7-301-22870-8	刘 晗等	45.00	2013.7	1	ppt	★
15	3ds Max 室内设计表现方法	978-7-301-17762-4	徐海军	32.00	2010.9	1	pdf	
16	3ds Max2011室内设计案例教程(第2版)	978-7-301-15693-3	伍福军等	39.00	2011.9	1	ppt/pdf	
17	Photoshop效果图后期制作	978-7-301-16073-2	脱忠伟等	52.00	2011.1	1	素材/pdf	★
18	建筑表现技法	978-7-301-19216-0	张 峰	32.00	2013.1	2	ppt/pdf	
19	建筑速写	978-7-301-20441-2	张 峰	30.00	2012.4	1	pdf	★
20	建筑装饰设计	978-7-301-20022-3	杨丽君	36.00	2012.2	1	ppt/素材	
21	装饰施工读图与识图	978-7-301-19991-6	杨丽君	33.00	2012.5	1	ppt	
22	建筑装饰工程计量与计价	978-7-301-20055-1	李茂英	42.00	2013.7	2	ppt/pdf	

序号	书名	书号	编著者	定价	出版时间	印次	配套情况	
规 划 园 林 类								
1	居住区景观设计	978-7-301-20587-7	张群成	47.00	2012.5	1	ppt	★
2	居住区规划设计	978-7-301-21031-4	张 燕	48.00	2012.8	2	ppt	★
3	园林植物识别与应用(新规范)	978-7-301-17485-2	潘利等	34.00	2012.9	1	ppt	★
4	城市规划原理与设计	978-7-301-21505-0	谭婧婧等	35.00	2013.1	1	ppt/pdf	★
5	园林工程施工组织管理(新规范)	978-7-301-22364-2	潘利等	35.00	2013.4	1	ppt/pdf	★
房 地 产 类								
1	房地产开发与经营(第2版)	978-7-301-23084-8	张建中等	33.00	2013.8	1	ppt/pdf/答案	★
2	房地产估价(第2版)	978-7-301-22945-3	张 勇等	35.00	2013.8	1	ppt/pdf/答案	★
3	房地产估价理论与实务	978-7-301-19327-3	褚菁晶	35.00	2011.8	1	ppt/pdf/答案	★
4	物业管理理论与实务	978-7-301-19354-9	裴艳慧	52.00	2011.9	1	ppt/pdf	★
5	房地产测绘	978-7-301-22747-3	唐春平	29.00	2013.7	1	ppt/pdf	★
6	房地产营销与策划(新规范)	978-7-301-18731-9	应佐萍	42.00	2012.8	1	ppt/pdf	★
市 政 路 桥 类								
1	市政工程计量与计价(第2版)	978-7-301-20564-8	郭良娟等	42.00	2013.8	3	pdf/ppt	
2	市政工程计价	978-7-301-22117-4	彭以舟等	39.00	2013.2	1	ppt/pdf	★
3	市政桥梁工程	978-7-301-16688-8	刘 江等	42.00	2012.10	2	ppt/pdf/素材	
4	市政工程材料	978-7-301-22452-6	郑晓国	37.00	2013.5	1	ppt/pdf	★
5	路基路面工程	978-7-301-19299-3	偶昌宝等	34.00	2011.8	1	ppt/pdf/素材	
6	道路工程技术	978-7-301-19363-1	刘 雨等	33.00	2011.12	1	ppt/pdf	
7	城市道路设计与施工(新规范)	978-7-301-21947-8	吴颖峰	39.00	2013.1	1	ppt/pdf	★
8	建筑给水排水工程	978-7-301-20047-6	叶巧云	38.00	2012.2	1	ppt/pdf	
9	市政工程测量(含技能训练手册)	978-7-301-20474-0	刘宗波等	41.00	2012.5	1	ppt/pdf	
10	公路工程任务承揽与合同管理	978-7-301-21133-5	邱 兰等	30.00	2012.9	1	ppt/pdf/答案	
11	道桥工程材料	978-7-301-21170-0	刘水林等	43.00	2012.9	1	ppt/pdf	
12	工程地质与土力学(新规范)	978-7-301-20723-9	杨仲元	40.00	2012.6	1	ppt/pdf	★
13	数字测图技术应用教程	978-7-301-20334-7	刘宗波	36.00	2012.8	1	ppt	
14	水泵与水泵站技术	978-7-301-22510-3	刘振华	40.00	2013.5	1	ppt/pdf	★
15	道路工程测量(含技能训练手册)	978-7-301-21967-6	田树涛等	45.00	2013.2	1	ppt/pdf	
建 筑 设 备 类								
1	建筑设备基础知识与识图	978-7-301-16716-8	靳慧征	34.00	2013.8	11	ppt/pdf	★
2	建筑设备识图与施工工艺	978-7-301-19377-8	周业梅	38.00	2011.8	3	ppt/pdf	★
3	建筑施工机械	978-7-301-19365-5	吴志强	30.00	2013.7	3	pdf/ppt	★
4	智能建筑环境设备自动化(新规范)	978-7-301-21090-1	余志强	40.00	2012.8	1	pdf/ppt	★

相关教学资源如电子课件、电子教材、习题答案等可以登录 www.pup6.com 下载或在线阅读。

扑六知识网(www.pup6.com)有海量的相关教学资源和电子教材供阅读及下载(包括北京大学出版社第六事业部的相关资源)，同时欢迎您将教学课件、视频、教案、素材、习题、试卷、辅导材料、课改成果、设计作品、论文等教学资源上传到 pup6.com，与全国高校师生分享您的教学成就与经验，并可自由设定价格，知识也能创造财富。具体情况请登录网站查询。

如您需要免费纸质样书用于教学，欢迎登录第六事业部门户网(www.pup6.cn)填表申请，并欢迎在线登记选题以到北京大学出版社来出版您的大作，也可下载相关表格填写后发到我们的邮箱，我们将及时与您取得联系并做好全方位的服务。

扑六知识网将打造成全国最大的教育资源共享平台，欢迎您的加入——让知识有价值，让教学无界限，让学习更轻松。

联系方式：010-62750667，yangxinglu@126.com，linzhangbo@126.com，欢迎来电来信咨询。